Améliorer
et piloter
son installation
électrique

Thierry Gallauziaux
et
David Fedullo

Améliorer et piloter son installation électrique

Infos, autres titres et contributions sur :
L-F-C.FR

Par les mêmes auteurs :

- **Électricité : Réaliser son installation par soi-même**, 5e éd. 2021, 476 pages
- **Mémento de schémas électriques 2**, 5e éd. 2021, 90 pages
- **Mémento de schémas électriques 1**, 5e éd. 2021, 100 pages
- **L'installation électrique,** 7e éd. 2021, 575 pages
- **Grand guide du bricolage**, 3e éd. 2020, 622 pages
- **La plomberie,** 4e éd. 2020, 410 pages
- **Les techniques pros de la peinture pour tou-te-s,** 1re éd. 2020, 82 pages
- **Améliorer et piloter son installation électrique,** 1re éd. 2020, 122 pages
- **Panneaux solaires et photovoltaïques,** 1re éd. 2020, 57 pages
- **L'isolation thermique,** 2e éd. 2019, 435 pages
- **Le manuel pratique pour se lancer dans les travaux,** 1e éd. 2019, 149 pages
- **Le grand livre de la menuiserie,** 1e éd. 2018, 678 pages
- **Le grand livre de l'électricité,** 5e éd. 2018, 760 pages
- **L'installation électrique en fiches pratiques,** 1re éd. 2017, 128 pages
- **Carrelage de sol et mural,** 1re éd. 2017, 203 pages
- **La défonceuse, mode d'emploi,** 2e éd. 2017, 93 pages
- **Installer un tableau électrique,** 5e éd. 2017, 87 pages
- **La menuiserie,** 1re éd. 2015, 238 pages
- **Tous les autres titres sur Amazon.fr**

Au sommaire

Cet ouvrage est destiné aux bricoleurs qui désirent se lancer dans de petits travaux d'électricité en toute sécurité. Il n'a pas pour but de décrire la manière de refaire une installation électrique dans son intégralité. Pour les travaux importants, le recours à un professionnel est indispensable. Pour les passionnés d'électricité plus expérimentés, d'autres ouvrages plus complets sont disponibles.

Avant de se lancer dans ce type de travaux, il faut néanmoins être au minimum un bricoleur confirmé et disposer d'un outillage adéquat.

Il peut être judicieux également de prévoir une formation ou une habilitation, si par exemple vous êtes à la recherche d'un emploi et que cette formation peut être prise en charge.

Il est également nécessaire d'avoir un minimum de connaissances sur les valeurs utiles en électricité domestique (tension, intensité, puissance…) afin de pouvoir, par exemple utiliser les bons appareillages dans chaque situation.

Les installations électriques sont encadrées par des normes strictes afin de renforcer la sécurité des biens et des personnes. Toute intervention que vous serez amené à réaliser sur une installation existante, même ancienne devra être conforme aux normes en vigueur. Dans les exemples que nous vous proposons, le respect de ces règles est toujours pris en compte.

1 La sécurité

L'électricité reste une énergie très dangereuse. Elle l'est pour les personnes à cause des risques d'électrisation ou d'électrocution, mais aussi pour les biens, avec des risques d'échauffement pouvant provoquer des incendies.

Les évolutions de la norme électrique ont renforcé les protections contre ces risques. Par exemple, l'utilisation de dispositifs différentiels à haute sensibilité 30 mA (milliampères) associés à une prise de terre correcte limitent les risques d'électrocution. Le courant alternatif (celui distribué dans nos habitations) est dangereux à partir d'une intensité de 10 mA, une paralysie ventilatoire pouvant intervenir avec une exposition de 30 secondes à une intensité de 30 mA. Les dispositifs différentiels à haute sensibilité permettent de couper le courant en une fraction de seconde.

On pense souvent à ce risque en cas de contact direct (toucher un fil sous tension, par exemple), mais le risque existe également en contact indirect, par exemple si l'on touche un appareil ménager à carcasse métallique présentant un défaut (fil touchant cette carcasse). Sans prise de terre, ou si cette dernière est de mauvaise qualité et en l'absence d'un dispositif différentiel, c'est le corps qui opère la liaison entre le fil de phase (fil actif d'un circuit électrique) et la terre où le courant va s'échapper. La pire situation est celle où on touche un fil dans chaque main : le courant transite alors par le cœur.

Le dispositif différentiel haute sensibilité mesure le courant entre l'aller et le retour d'un circuit. S'il existe une différence de 30 mA ou plus, (partie du courant qui s'échappe vers la terre) l'appareil coupe l'alimentation.

Ces phénomènes sont encore plus dangereux dans les locaux humides (salles de bains) où la résistance du corps humain humide est plus faible. Des règles d'installation très strictes ont été définies pour ces types de locaux et on a souvent recours dans les zones les plus exposées à des appareillages en TBTS (très basse tension de sécurité) qui est au maximum de 12 V en courant alternatif et 30 V en courant continu.

Dans des installations anciennes, l'absence de ces dispositifs différentiels à haute sensibilité rend les risques encore plus importants. Le disjoncteur de branchement (disjoncteur général) présent en tête de toutes les installations dispose d'une protection différentielle de 500 mA.

Pour lutter contre les court-circuits, les échauffements (demande trop importante pour le diamètre des fils ou des contacts mal serrés) et ainsi pallier les risques d'incendies, on installe des petits disjoncteurs divisionnaires (phase + neutre) magnétothermiques.

Ils offrent la protection magnétique (contre les court-circuits) et thermique (contre les échauffements). Les fusibles souvent présents dans les installations anciennes (fusibles porcelaine ou plus modernes, systèmes modulaires avec des cartouches) ne sont plus autorisés.

Il existe d'autres dispositifs de protection comme les modules de parafoudre ou des systèmes de disjoncteurs avec en plus une protection anti arc électrique.

Avant d'intervenir sur une installation électrique, il est donc indispensable de couper l'arrivée de courant. La solution la plus sûre consiste à couper l'alimentation générale au niveau du disjoncteur d'abonné (ou disjoncteur général). L'intégralité de l'installation électrique de l'habitation est ainsi neutralisée.

Selon les modèles, la coupure se fait en abaissant une manette, en tournant un bouton ou en appuyant sur un bouton marqué 0 (figure 1).

Pour plus de sécurité, notamment quand vous devez travailler loin du disjoncteur, vous devez signaler la coupure et interdire toute remise en service. Quelqu'un dans l'habitation peut ne pas être au courant de votre intervention et remettre accidentellement le courant. Vous pouvez condamner la manette avec de l'adhésif d'électricien, par exemple ou un petit cadenas et signaler la coupure pour éviter tout risque.

Si le disjoncteur général est situé dans un coffret extérieur (cas des habitations à plus de 30 m du domaine public), il doit y avoir dans l'habitation, un autre dispositif de coupure,

à l'arrivée de l'alimentation générale. Pour plus de sécurité, vous pouvez couper ces deux appareils.

Dans de très rares cas, s'il est impossible de couper le disjoncteur général (appareils en service ne devant pas être coupé), vous pouvez mettre hors tension le circuit sur lequel vous devez intervenir à partir du tableau de protection (communément appelé tableau de fusibles). Avec un tableau récent muni de disjoncteurs divisionnaires, il suffit d'abaisser la manette correspondant au circuit et de condamner la remise en service accidentelle. Avec des porte-fusibles modulaires à cartouche, il faut ouvrir celui du circuit concerné, retirer la cartouche et laisser le module ouvert, en signalant l'intervention. Mais attention, vérifiez bien que les modules coupent les deux conducteurs électriques du circuit (phase et neutre), en démontant le capot du tableau par exemple.

Dans les tableaux plus anciens, la protection se situe uniquement sur le fil de phase (protection unipolaire). Dans ce cas, retirer le fusible ou couper le disjoncteur divisionnaire ne suffit pas pour intervenir en toute sécurité. En effet, il peut exister une inversion phase et neutre au niveau de l'alimentation rendant cette opération inefficace. Dans ce cas, coupez au disjoncteur général.

Quelle que soit la solution de coupure du circuit, vérifiez toujours avant d'intervenir qu'il est bien hors tension, avec un appareil de mesure, ou une simple lampe que l'on branche sur une prise, par exemple.

Si vous avez besoin de rétablir le courant lors de votre travail (pour brancher une perceuse, par exemple) isolez les conducteurs du circuit avant de remettre le courant, puis coupez de nouveau dès que vous avez terminé.

SÉCURITÉ : toute intervention doit s'effectuer hors tension

1 Coupez l'alimentation générale et empêchez toute remise en service accidentelle

Coupez l'alimentation
au disjoncteur d'abonné.

Signalez l'intervention et empêchez le
réenclenchement accidentel.

Autres types de disjoncteurs

Coupure du circuit concerné uniquement si la coupure générale est impossible

Uniquement avec protections ph + neutre (coupure phase et neutre)

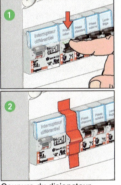

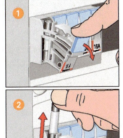

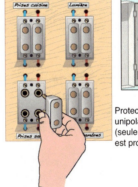

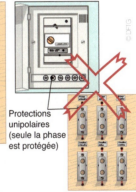

Coupure du disjoncteur
divisionnaire du circuit (si
identifié) et sécurisation.

Ouvrez le coupe-circuit du
circuit concerné, puis retirez le
fusible, puis laissez ouvert.

Ancien tableau avec protections
bipolaires, retirez les deux porte-
fusibles du circuit.

Protections unipolaires,
coupez au niveau du
disjoncteur d'abonné.

2 Vérifiez l'absence de tension avant d'intervenir

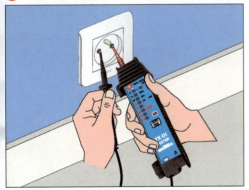

Vérification avec un appareil de mesure

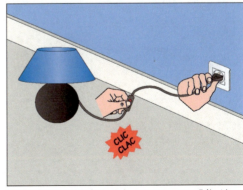

Vérification en raccordant une lampe ou un appareil électrique

⇢ *Figure 1* : La mise hors tension de l'installation

2 Les lignes électriques

Une intervention très courante en électricité consiste à prolonger une ligne existante, pour installer, par exemple, une prise de courant supplémentaire ou déplacer un interrupteur…

Pour certains intervenants, comme les jobbeurs, cette opération est souvent encadrée par des limites : ne pas dépasser une longueur supérieure à 3 m, sinon, il faut faire appel à un professionnel.

Il existe plusieurs techniques pour passer des lignes électriques. La plus simple, et qui fait le moins de dégâts, est la pose apparente (les câbles ou profilés en plastique sont fixés aux parois), avec une variante dite en semi-encastré où les appareillages sont encastrés dans les parois et les conducteurs cheminent dans des profilés plastiques. Plus esthétique, la pose encastrée (engravé étant le terme

La pose d'une ligne électrique en apparent

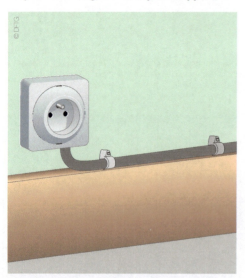

Il est possible de fixer un câble au-dessus de la plinthe, avec des cavaliers en plastique. Choisissez un câble rigide, plus esthétique. Utilisez des appareillages en saillie.

Vous pouvez fixer un câble au-dessus de la plinthe, avec de la colle thermofusible. Cette solution convient très bien pour les câbles légers (téléphone, télévision). Pour un câble électrique, évitez au droit du plafond (décollage).

······▷ *Figure 2* : La pose d'une ligne en apparent...

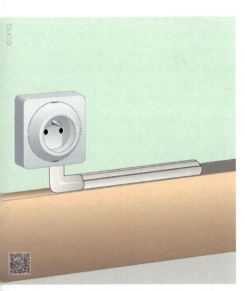

Utilisez une moulure cache-fils auto-collante et éventuellement des accessoires. Ce type de moulure peut être souple ou rigide. Nettoyez le bas du mur avant le collage.

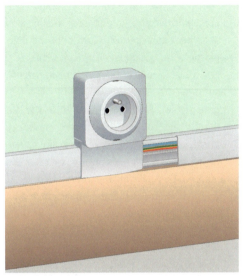

Vous pouvez passer des conducteurs isolés dans une moulure électrique classique. Utilisez des accessoires pour les angles et des supports d'appareillage adaptés à la taille de la moulure.

... Figure 2 : La pose d'une ligne en apparent ⟵----

exact, qui signifie encastré après la construction) est plus longue et difficile à mettre en œuvre et nécessite ensuite de refaire enduits et peinture sur le mur. Elle peut être facilitée en présence de plaques de plâtre. Nous n'aborderons pas d'autres solutions comme la pose dans les sols qui ne peuvent être réalisées que lors de rénovations lourdes ou de la construction de l'habitation.

La pose apparente

La pose de lignes apparentes peut s'effectuer de plusieurs façons (figure 2). La plus simple consiste à utiliser un câble que l'on fixe au niveau de la plinthe, par exemple, avec des cavaliers ou par collage. La solution avec cavaliers n'est pas très esthétique. Celle par collage l'est plus, mais elle ne doit pas être utilisée pour coller un câble au droit du plafond, par exemple. Bien que la colle thermofusible soit efficace, à la longue, le câble aura tendance à se décoller sous son propre poids. Utilisez de préférence des câbles rigides qui sont plus aisés à mettre en forme.

On trouve également dans les magasins de bricolage des cache-câbles. Ce sont de petits profilés en plastique autocollants, souples ou rigides, qui permettent de loger un câble pour un passage plus discret. Ils disposent parfois d'accessoires pour cacher le câble même dans les changements de direction (angles).

La dernière solution est l'utilisation de moulures ou de goulottes en plastique. Cette solution reste esthétique, fiable et permet une très bonne protection des conducteurs électriques.

Avec ce type de lignes, on utilise des appareillages électriques posés en saillie, des systèmes adaptés à la pose avec une moulure plastique ou des appareillages encastrés.

Les câbles à utiliser pour la pose apparente sur une paroi sont de type A 05 VV-U (ou R pour rigide), A 05 VV-F ou U 1000 R2V. Ce dernier est toujours de couleur noire et possède une double enveloppe de gaines ce qui renforce sa résistance aux chocs. Les autres types de câbles existent en gris ou en blanc. Cette dernière couleur étant plus adaptée à l'intérieur d'un logement, en utilisant, par exemple des cavaliers blancs. Dans tous les cas, les câbles peuvent être peints pour plus de discrétion.

Les cavaliers en plastique sont munis d'une pointe à béton permettant de les clouer dans la plupart des matériaux. Il en existe de différentes tailles selon celle du câble à fixer. Sur un mur en béton sans enduit ou avec une couche d'enduit trop fine, les cavaliers peuvent ne pas être adaptés. Dans ce cas, optez pour la solution par collage. Il est nécessaire de ne pas dépasser une distance maximale entre chaque cavalier (figure 3). Elle est de 0,40 m pour les câbles cités plus haut. Certains câbles dits blindés (possédant une gaine supplémentaire en feuillard d'acier) peuvent être fixés tous les 0,75 m. Néanmoins, il peut être nécessaire de poser des cavaliers plus rapprochés, dans les changements de direction, par exemple.

Afin de ne pas détériorer la gaine isolante des conducteurs à l'intérieur du câble, vous devez respecter un rayon de courbure minimal. Il est de 6 fois le diamètre pour les câbles normaux.

Dans le cas où votre travail consiste à ajouter une prise de courant sur un circuit existant, vous devez respecter les règles et les normes en vigueur.

Le nombre de prises de courant sur un même circuit est limité. Si les conducteurs (fils) du circuit sont en 1,5 mm², le nombre maximal de prises autorisées est de 8. La protection doit

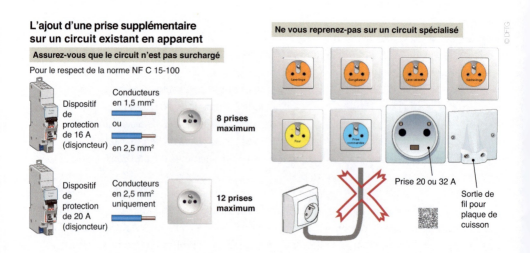

Figure 3 : Conseils pour l'ajout d'une prise supplémentaire...

Types de câbles à utiliser en pose apparente

Câble A 05 VV-U (ou R)
Câble A 05 VV-F
Câble U 1000 R2V

La pose avec cavaliers en plastique

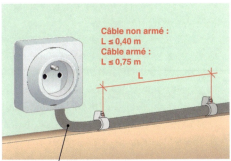

Câble non armé :
L ≤ 0,40 m
Câble armé :
L ≤ 0,75 m

L

Rayon de courbure minimal :
- câble non armé = 6 fois le diamètre du câble
- câble armé = 8 fois le diamètre du câble.

Prise sans contact de terre

Prise existante sans contact de terre

Nouvelle prise

Prise avec contact de terre

Câble avec conducteur de terre

Prise sans contact de terre, conducteur de terre laissé en attente dans les boîtiers

Câble avec conducteur de terre

© DFG

Hauteur d'installation des socles de prises de courant

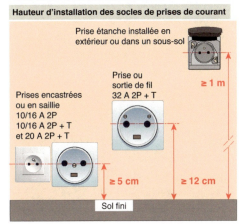

Prise étanche installée en extérieur ou dans un sous-sol

Prise ou sortie de fil
32 A 2P + T

≥ 1 m

Prises encastrées ou en saillie
10/16 A 2P
10/16 A 2P + T
et 20 A 2P + T

≥ 5 cm   ≥ 12 cm

Sol fini

... Figure 3 : Conseils pour l'ajout d'une prise supplémentaire ←·····

être calibrée à 16 A pour un disjoncteur divisionnaire ou 10 A pour un fusible (existant). Si les conducteurs sont en 2,5 mm², le nombre maximal de prises autorisées est de 12. La protection est assurée par un disjoncteur divisionnaire de 20 A au maximum ou un fusible de 16 A (installation existante).
Le plus souvent, la solution pour ajouter une prise supplémentaire consiste à se reprendre sur la prise existante la plus proche.

S'il s'agit d'une prise ancienne alimentée par des conducteurs en 1,5 mm², utilisez de nouveaux conducteurs de même section et non pas du 2,5 mm².

Si vous vous reprenez sur une prise ancienne sans fil de terre, utilisez malgré tout un câble disposant de ce fil, mais que vous ne raccorderez pas (laissé en attente) et utilisez une nouvelle prise sans terre. Si vous posez une prise avec terre, l'utilisateur croira qu'elle est bien raccordée à la prise de terre, ce qui ne sera pas le cas et peut présenter un danger avec certains appareils. En effet, certains appareils ménagers comme les lave-vaisselle, peuvent provoquer des petits ressentis de courant à leur contact s'ils ne sont pas raccordés à une prise de terre.

Une prise de courant sans terre est dénommée : prise 10/16 A 2P (10/16 A indique l'intensité admissible, 2P signifiant deux pôles ou deux alvéoles). Une prise de courant avec terre est dénommée : prise de courant 10/16 A + T (+T signifiant plus terre).

Certaines prises de courant destinées à alimenter les appareils ménagers comme les lave-linge, le lave-vaisselle, le sèche-linge ou le four doivent être alimentées directement depuis le tableau de protection par une ligne dédiée et aucun autre circuit ne doit être repris dessus.

Il n'est pas possible non plus de se reprendre directement sur de grosses prises 20 A, 32 A ou sortie de fil pour plaques de cuisson (ou cuisinière) sans prendre des dispositions particulières (voir page 52).

Certaines prises de courant peuvent être commandées par un interrupteur (pour allumer une lampe depuis l'entrée, par exemple). Vous ne pourrez donc pas y reprendre un circuit pour une prise qui doit fonctionner en permanence.

Les normes prévoient également une hauteur minimale pour l'installation des socles de prises de courant. La mesure se prend à partir de l'axe des alvéoles. Elle est au minimum de 5 cm par rapport au sol fini pour les prises classiques et 20 A et de 12 cm pour les prises 32 A ou les sorties de fil pour le même usage. Pour une installation dans une cave, un sous-sol ou en extérieur, il est conseillé de les poser en hauteur (supérieure à 1 m) en cas d'inondation.

» La pose apparente d'une prise alimentée avec un câble

Cette solution est assez facile à réaliser, peu chère et rapide. Le câble reste apparent, mais il peut être collé, puis peint pour s'intégrer à la décoration.

Commencez par poser la nouvelle prise à l'emplacement choisi. Une prise en saillie est simple à installer. Démontez les éléments, puis vissez le socle au mur avec des chevilles adaptées à la nature du mur. Vous pouvez utiliser des chevilles de 6 mm et des vis de 3 × 20 mm, par exemple.

Les entrées dans la prise se faisant par le haut, le bas ou le côté, posez-la un peu en hauteur pour pouvoir faire arriver le câble par le dessous (figure 4).

Coupez le courant, puis démontez la prise sur laquelle vous allez vous reprendre. Dans les exemples proposés, il s'agit de prises encastrées, mais le travail est encore plus simple avec une prise en saillie. Pour une prise encastrée fixée avec griffes, il suffit de les dévisser pour retirer la prise. D'autres modèles nécessitent de retirer un enjoliveur avant d'avoir accès aux vis. Faites attention de ne pas casser la plaque en la déposant.

Éloignez la prise du boîtier et repérez d'où viennent les fils. Si la partie basse est libre, utilisez une perceuse équipée d'un foret à béton de même diamètre que le câble. Remettez le courant le temps du percement. Faites un trou en biais entre l'espace entre la plinthe et le boîtier, plus bas que l'emprise de la prise.

Coupez le courant, dénudez le câble, puis introduisez-le dans le boîtier en vérifiant qu'une petite partie de la gaine pénètre bien dans le boîtier. Même si la prise ne possède pas de contact de terre, utilisez un câble avec ce conducteur, mais qui sera laissé en attente.

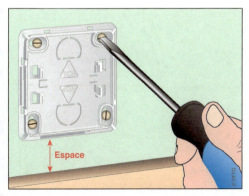

1 Posez le socle de la prise sur le mur avec vis et chevilles adaptées. Laissez un espace suffisant entre la prise et la plinthe pour la remontée du câble.

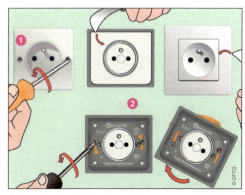

2 Coupez le courant, puis déposez la prise. Prise à griffes (**1**) : dévissez les deux vis . Prises à vis (**2**) : retirez l'enjoliveur, puis dévissez partiellement les vis et tournez la prise.

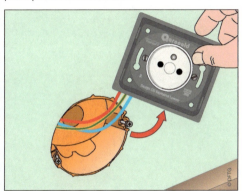

3 Éloignez la prise du boîtier, puis vérifiez de quel côté arrivent les conducteurs d'alimentation.

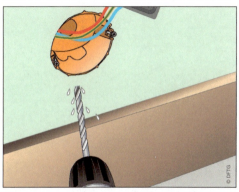

4 Percez un trou en biais du diamètre du câble jusqu'au fond du boîtier. Ne percez pas à proximité des fils existants, décalez-vous si nécessaire.

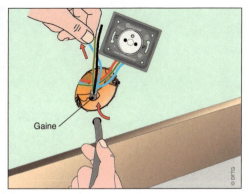

5 Dénudez le câble sur une dizaine de centimètres. Introduisez-le dans le percement pour le faire ressortir dans le boîtier. La gaine doit dépasser de quelques millimètres.

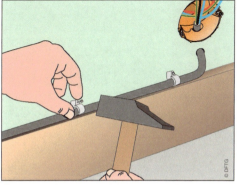

6 Fixez le câble au droit de la plinthe avec des attaches en plastique et pointe acier adaptées au diamètre du câble.

⋯⟶ *Figure 4* : La pose d'une prise supplémentaire en apparent avec du câble...

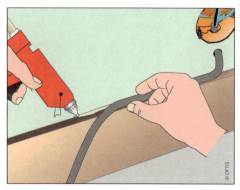

7 Vous pouvez également utiliser de la colle thermofusible. Positionnez bien le câble au droit de la plinthe, contre le mur. Plaquez le câble sur la colle chaude au fur et à mesure.

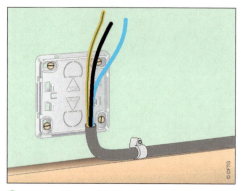

8 Fixez le câble jusqu'à la nouvelle prise. Positionnez-le au niveau d'une entrée du boîtier et faites pénétrer légèrement la gaine dans le boîtier.

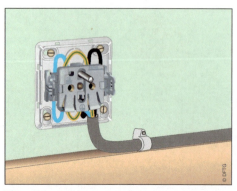

9 Raccordez la nouvelle prise. Positionnez le neutre à gauche et laissez un peu de longueur de conducteurs.

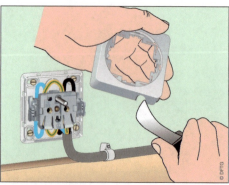

10 Découpez l'entrée défonçable du boîtier correspondant au point de pénétration du câble.

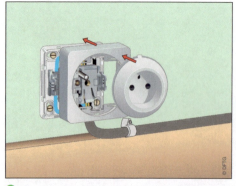

11 Clipsez le cadre sur le socle, puis installez l'enjoliveur, à clipser ou à visser selon les modèles.

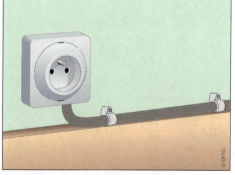

12 L'installation de la prise supplémentaire est terminée. Vous devez ensuite raccorder le câble dans la prise existante.

... Figure 4 : La pose d'une prise supplémentaire en apparent avec du câble...

13 Déconnectez les conducteurs de la prise existante, déposez-la, puis dénudez les extrémités des conducteurs du câble.

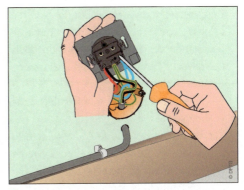

14 Raccordez les conducteurs sur les bornes de la prise de courant.

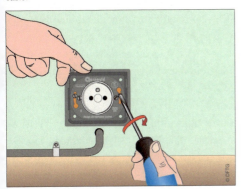

15 Rangez les conducteurs dans le boîtier, puis refixez la prise de courant.

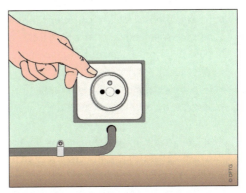

16 Reposez l'enjoliveur. Remettez le courant, puis vérifiez le bon fonctionnement des deux prises de courant.

... Figure 4 : La pose d'une prise supplémentaire en apparent avec du câble ⟵····

Laissez une longueur de fil suffisante pour pouvoir vous raccorder sur la prise existante. Procédez ensuite à la fixation du câble juste au-dessus de la plinthe avec des cavaliers ou par collage. Avec un câble rigide, mettez-le en forme pour qu'il soit bien droit.

Si vous utilisez un pistolet à colle avec de la colle thermofusible, procédez par étapes. Déposez un cordon de colle d'une trentaine de centimètres (la colle refroidit assez vite), puis appliquez fermement le câble. Répétez l'opération sur toute la longueur. Faites atten-tion de ne pas vous brûler en pressant le câble dans le cordon de colle. Vous pouvez utiliser le manche d'un marteau, par exemple, pour bien appuyer. Si de la colle reflue, laissez-la sécher, vous couperez ensuite les excès au cutter.

Formez l'arrondi du câble pour remonter dans la nouvelle prise. Dénudez-le de façon à ce qu'une petite partie de la gaine de protection pénètre dans le boîtier.

Raccordez la prise. Placez de préférence le neutre (fil bleu) sur l'alvéole de gauche, la phase à droite et la terre sur son plot spécifique. Découpez la sortie défonçable du cadre de la prise correspondant à l'emplacement de pénétration du câble. Posez le cadre, puis l'enjoliveur. Certains modèles se vissent, d'autres se clipsent.

Vous devez ensuite raccorder le câble sur la prise existante.

Vérifiez à nouveau que le courant est bien coupé avant cette intervention. Dénudez l'extrémité des conducteurs du câble. Sur certaines prises, la longueur de dénudage recommandée est signalée.

Raccordez le câble avec l'alimentation existante sur la prise. Rangez correctement les conducteurs au fond du boîtier pour faciliter la pose de la prise. Refixez l'ancienne prise (griffes ou vis), remettez l'enjoliveur.

Vous pouvez ensuite rétablir le courant, puis vérifier que les deux prises fonctionnent.

Il se peut qu'il y ait déjà une reprise de fils dans le boîtier de la prise. Il sera souvent difficile de brancher 3 conducteurs sur chaque plot. Dans ce cas, utilisez des connecteurs ou des dominos pour raccorder les conducteurs ensemble et ne repartir qu'avec un conducteur unique pour alimenter la prise (voir page 55).

» Les profilés en plastique

Les profilés en plastique permettent de mieux protéger les fils électriques. Il en existe plusieurs types : les cache-câbles, les moulures et les goulottes. Certains permettent de passer des conducteurs isolés, d'autres seulement des câbles. Seuls les profilés répondant à la norme NF EN 50085-2-1 (inscrit sur la moulure) autorisent de passer de simples conducteurs isolés. En revanche, vous devez dans ce cas utiliser obligatoirement des accessoires adaptés (coudes, tés…).

Pour la pose d'un câble en apparent, vous pouvez utiliser un cache-câble (figure 5). Il en existe différentes tailles adaptées aux diamètres des câbles.

Les modèles souples permettent la pose même sur une paroi arrondie. La partie

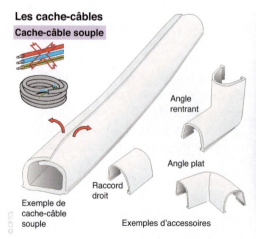

Les cache-câbles

Cache-câble souple

Angle rentrant

Angle plat

Raccord droit

Exemple de cache-câble souple

Exemples d'accessoires

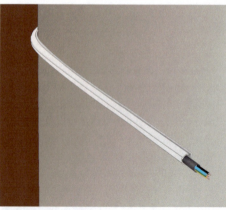

Installation sur une paroi courbe

Figure 5 : Les cache-câbles...

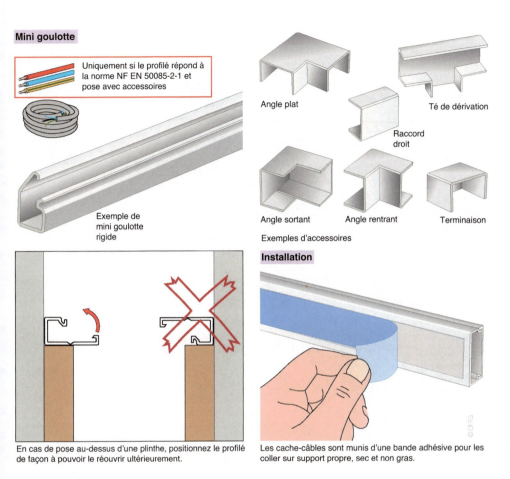

Mini goulotte

Uniquement si le profilé répond à la norme NF EN 50085-2-1 et pose avec accessoires

Exemple de mini goulotte rigide

Angle plat

Té de dérivation

Raccord droit

Angle sortant   Angle rentrant   Terminaison

Exemples d'accessoires

Installation

En cas de pose au-dessus d'une plinthe, positionnez le profilé de façon à pouvoir le réouvrir ultérieurement.

Les cache-câbles sont munis d'une bande adhésive pour les coller sur support propre, sec et non gras.

... Figure 5 : Les cache-câbles ←...

supérieure comporte deux lèvres souples qui accueillent le câble et le maintiennent. La partie arrière du profilé est munie d'un adhésif double face pour une pose rapide. Néanmoins, il est nécessaire de bien nettoyer l'emplacement avant de coller le profilé. Supprimez toute trace de graisse ou de poussière. Pour une meilleure tenue dans le temps, posez le profilé au droit d'une plinthe, par exemple, pour le supporter. À la longue, le double face a tendance à se décoller. Il faudra alors le recoller avec une colle adaptée. Certaines marques proposent

des accessoires : raccord entre deux profilés, angles rentrants ou sortants, angles plats... Leur utilisation rend l'ensemble plus esthétique.
Seuls les câbles sont autorisés dans ce type de profilé.

L'autre système de cache-câble (ou mini goulotte) est constitué de profilés rigides. Selon les fabricants, ils sont dotés d'un couvercle indépendant ou attenant au socle du profilé, l'un des côtés jouant le rôle de charnière. On y passe des câbles ou des

Les moulures électriques

Exemples

Uniquement pour profilé répondant à la norme NF EN 50085-2-1 et pose avec accessoires

Moulure avec cloison centrale

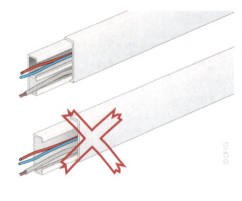

Moulure sans cloison centrale

Une moulure avec des cloisons de séparation permet de passer des circuits de nature différentes : conducteurs isolés et câble téléphone ou télévison, par exemple.

Les accessoires

La pose des accesoires peut être légèrement différente selon les fabricants.

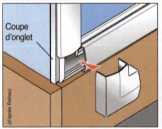

Coupe d'onglet

Angle plat

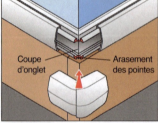

Coupe d'onglet — Arasement des pointes

Angle sortant

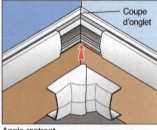

Coupe d'onglet

Angle rentrant

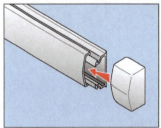

Terminaison

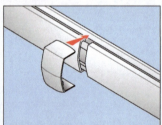

Raccord de couvercles

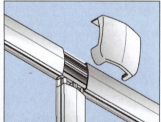

Té de dérivation (sans coupe des socles)

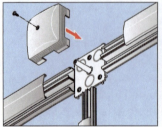

Boîte de connexion ou dérivation

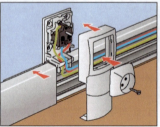

Support d'appareillage

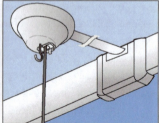

Boîtier de centre DCL

......▷ *Figure 6* : Les moulures électriques

conducteurs isolés, s'ils répondent à la norme citée précédemment.

De nombreux accessoires sont généralement disponibles: angles sortants, rentrants ou plats, raccords droits, tés, terminaison…

Comme le modèle précédent, l'arrière du socle est muni d'une bande autocollante en mousse double face.

Pour le modèle à charnière, si vous effectuez une pose au-dessus d'une plinthe, veillez à positionner la charnière vers le bas au niveau de la plinthe. Sinon vous aurez des difficultés pour refermer le couvercle ou le rouvrir éventuellement.

L'autre grande famille de profilés en plastique est celle des moulures (figure 6). Elles sont de taille plus grandes que les cache-câbles et permettent de passer plus de circuits. Il en existe une grande variété, dans différentes tailles. Elles sont généralement peu épaisses. Comme indiqué précédemment, on peut y passer de simples conducteurs électriques isolés, uniquement si elles répondent à la norme NF EN 50085-2-1et utilisées avec leurs accessoires et/ou des câbles.

Les moulures sont de deux types : avec ou sans cloison(s) centrales. Les modèles avec une ou plusieurs cloisons centrales permettent de passer des circuits de nature différente : circuits électriques 230 V et câbles de téléphone ou de télévision (toujours dans des rainures différentes).

On pose les moulures le plus souvent au-dessus des plinthes, en entourage des portes ou au droit du plafond, voire en remontée dans un angle. Comme tous les profilés, elles peuvent être peintes.

Il est indispensable de les employer avec les accessoires correspondants à la taille du modèle choisi. Le choix est très vaste, avec les classiques angles rentrants, sortants, plats, raccords de couvercles et terminaisons, mais aussi avec les supports d'appareillage, les boîtiers de connexion ou de dérivation et les systèmes d'alimentation de points lumineux munis d'une prise DCL. En général, les angles sont réglables pour épouser les changements de direction qui ne sont pas parfaitement d'équerre.

Selon les fabricants, les accessoires comme les angles, peuvent être posés sans nécessiter de coupes d'onglet, ce qui rend l'installation beaucoup plus rapide. Pensez à décaler les raccords entre les socles et les couvercles, pour un meilleur rendu. L'emploi de moulures permet de réaliser une installation électrique complète.

La pose des moulures nécessite peu d'outillage (figure 7). Vous avez besoin d'une scie pour découper les socles et les couvercles. La solution la moins chère consiste à utiliser une boîte à coupe et une scie à dos. On les trouve souvent vendues ensemble, la boîte pouvant être en bois ou en plastique. Le défaut de cette solution est qu'à la longue, les rainures de la boîte ont tendance à s'élargir, rendant les coupes moins précises.

L'autre solution pour des coupes plus précises consiste à utiliser une scie d'encadreur. La scie est montée sur un socle métallique et guidée par des coulisseaux. Elle est mobile par rapport au socle et permet de faire des coupes selon divers angles. Elle peut être munie d'une petite presse pour maintenir la pièce et d'un système de butée pour les coupes en série. Cet outil pourra vous servir pour bien d'autres usages comme la coupe de baguettes de décoration en bois ou de corniches…

Pour la fixation, vous aurez besoin de colle. Les fabricants proposent des cartouches de

La pose des moulures électriques

L'outillage

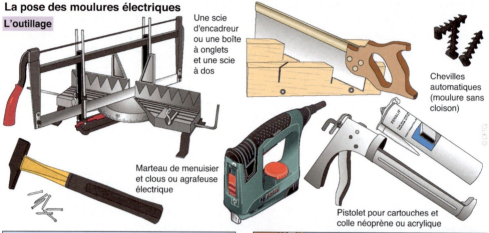

Une scie d'encadreur ou une boîte à onglets et une scie à dos

Chevilles automatiques (moulure sans cloison)

Marteau de menuisier et clous ou agrafeuse électrique

Pistolet pour cartouches et colle néoprène ou acrylique

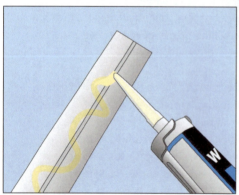

1 Appliquez un cordon de colle au dos du profilé.

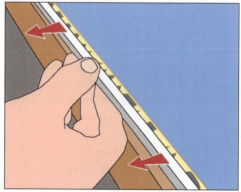

2 Placez le profilé à son emplacement, appuyez-le sur le mur, puis décollez-le légèrement (colle neoprène).

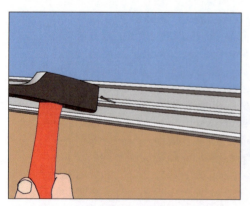

3 Quand la colle commence à polymériser, appliquez fermement le profilé sur le mur, puis fixez-le.

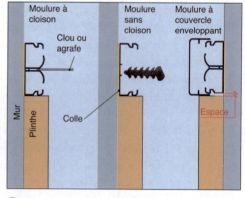

4 Pour les moulures sans cloisons, utilisez des chevilles automatiques (voir les goulottes).

⋯⋯▷ *Figure 7* : La pose des moulures

colle adaptée à leurs profilés, à appliquer au pistolet. Il peut s'agir de colle néoprène ou acrylique.

Pour parfaire la fixation, utilisez des pointes tête homme. Elles doivent être de longueur suffisante pour prendre en compte l'épaisseur du profilé. Elles sont enfoncées avec un marteau de menuisier.

Il existe un marteau spécifique dit marteau d'électricien. Il est muni d'une panne longue. Il était très utilisé pour la pose de moulures en bois. Pour les moulures modernes, il peut être un peu trop léger.

Si vous en possédez une, vous pouvez également utiliser une agrafeuse électrique. Utilisez des agrafes longues ou des clous.

Les moulures sont donc fixées aux parois de façon mécanique et par collage.

On applique la colle au dos des socles en réalisant un cordon ondulé pour mieux la répartir. Le socle doit ensuite être plaqué au mur à son emplacement. Avec de la colle néoprène, retirez la moulure, laissez sécher un peu la colle, puis reposez la moulure en la plaquant fermement. Avec une colle acrylique, le collage est direct.

Enfoncez ensuite des clous dans la (ou les rainures centrales) en les répartissant sur la longueur. La cloison centrale est munie de deux lèvres en V qui permettent de guider le clou dans la partie centrale, munie de deux cloisons. Ainsi le clou métallique n'est jamais en contact avec les conducteurs et ne peut pas les endommager. Ne plantez jamais les clous dans le fond des rainures. En posant les conducteurs, s'ils sont trop serrés, la tête des clous peut endommager l'isolant et créer un court circuit ou un défaut d'isolement.

Attention au type de couvercle de la moulure. Certains sont enveloppants. Si vous posez le socle directement sur la plinthe, il sera difficile de clipser le socle. Décalez-le légèrement avec des cales ou des chutes de couvercle.

Pour les moulures dépourvues de cloison centrale, utilisez des chevilles automatiques isolantes en plastique. Une fois le socle de la moulure collé, percez des emplacements réguliers dans le fond à travers la moulure, puis posez les chevilles au marteau. Leurs ailettes permettent d'assurer la fixation dans le percement.

Les deux autres types de profilés en plastique sont les goulottes et les plinthes (figure 8). Les goulottes sont en fait des moulures de grande dimension. Elles peuvent être de section carrée ou rectangulaire et comporter éventuellement des cloisons. Il existe des modèles spécifiques à poser en corniche à l'angle du mur et du plafond. Les goulottes sont destinées à passer de nombreux conducteurs isolés (si elles répondent à la norme) ou de câbles. Elles peuvent être utilisées dans les installations domestiques au départ du tableau de répartition, pour passer les diverses alimentation vers les pièces, via le couloir ou l'entrée, par exemple. Elles sont plutôt utilisées dans le tertiaire ou l'esthétique est moins recherchée.

Les plinthes électriques sont destinées à remplacer les plinthes en bois dans les pièces et permettent le passage des circuits électriques. Elles comportent généralement plusieurs rainures pour passer des circuits de différente nature. Si les modèles les plus courants ont un couvercle blanc, il en existe des marron ou des modèles plus décoratifs avec placage en bois.

Les autres profilés

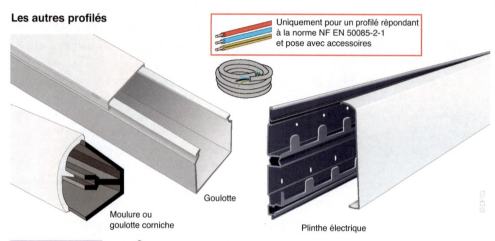

Uniquement pour un profilé répondant
à la norme NF EN 50085-2-1
et pose avec accessoires

Moulure ou
goulotte corniche

Goulotte

Plinthe électrique

La pose sur un mur

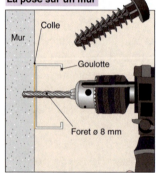

Colle
Mur
Goulotte
Foret ø 8 mm

1 Utilisez des chevilles automatiques en plastique. Percez les fixations à travers la goulotte.

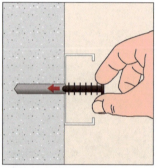

2 Introduisez la cheville dans le percement.

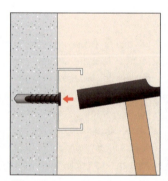

3 Assurez la fixation en frappant la cheville avec un marteau.

La pose sur plaque de plâtre

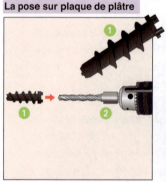

1 Utilisez des chevilles automatiques spéciales (1) et un foret spécial (2). Introduisez la cheville sur le foret.

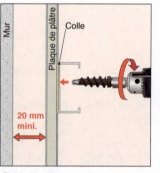

Mur
Plaque de plâtre
Colle
20 mm mini.

2 Percez directement avec l'ensemble monté à travers le socle de la goulotte (vitesse lente).

CLIC

3 Quand la cheville est serrée, l'épaulement du foret casse les ergots. Retirez la perceuse.

····> *Figure 8* : Les autres profilés

Pour la fixation, comme pour les moulures on utilise de la colle en cartouche et une fixation mécanique. Vu leur taille, les goulottes et les plinthes ne peuvent pas être clouées. Utilisez obligatoirement des chevilles automatiques isolantes en plastique. Celles-ci sont du même type que celles des moulures mais avec un diamètre plus gros (généralement 8 mm pour les goulottes, 6 mm pour les moulures).

La pose est identique. Après collage, on perce à travers le socle de la goulotte, puis on enfonce la cheville automatique au marteau. Certaines goulottes ou plinthes sont pourvues de trous prépercés dans le fond du socle. Ce système de fixation peut être utilisé dans la plupart des matériaux pleins ou creux comme les briques ou les parpaings.

En revanche, elle n'est pas efficace dans les plaques de plâtre (cloisons sèches ou doublage). Pour cette application, il existe des chevilles automatiques spéciales. Elles sont vendues en kit avec un foret et un embout spécial. Montez la cheville sur le foret jusqu'à l'embout en alignant les taquets. Percez ensuite, à vitesse lente, directement dans le fond de la goulotte. Le foret perce l'avant trou, la cheville se visse dans la plaque de plâtre, puis, arrivé au fond du socle, le système casse automatiquement les ergots de la cheville. Il ne reste plus qu'à retirer la perceuse. La pose est donc très rapide. Le système nécessite simplement un espace minimal de 2 cm derrière la plaque de plâtre, ce qui est généralement le cas avec les cloisons sèches ou les doublages (la cheville se logeant dans l'isolant).

» L'ajout d'une prise en saillie avec des profilés en plastique

Dans l'optique de petits travaux comme ajouter une prise sur un circuit existant, nous allons voir les différentes solutions possibles avec des profilés en plastique.

Se reprendre sur une prise de courant existante posée en saillie ne présente pas de problème particulier, car il suffit de faire aboutir la moulure contre le boîtier de la prise pour reprendre le circuit. Le problème est un peu plus compliqué quand on doit se reprendre sur une prise encastrée.
Ce premier exemple représente le cas ou la prise est encastrée dans une paroi pleine, scellée au plâtre ou dans le béton lors de la construction.

Commencez par tracer au crayon la limite basse de la prise de courant (figure 9). Coupez le courant, puis déposez la prise (à griffes ou à vis). Vérifiez que les fils sont correctement raccordés et qu'aucune partie sous tension n'est accessible. Remettez le courant, puis percez en biais du mur vers le boîtier, avec un diamètre suffisant pour passer les conducteurs. Vérifiez bien au préalable qu'il n'existe pas un conduit à cet endroit, sinon décalez-vous légèrement. Coupez un morceau de moulure en biais dans le sens de l'épaisseur (vers la prise), puis faites une encoche dans le fond du socle correspondant à l'emplacement du percement. Coupez-la à la longueur nécessaire pour aller jusqu'à la plinthe (coupe droite ou d'onglet selon l'accessoire d'angle).

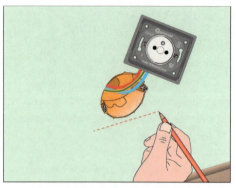

① Tracez sur le mur la limite basse du cadre de la prise. Coupez le courant, puis déposez-la.

② Percez un trou en biais jusqu'au fond du boîtier. Ne percez pas à proximité des fils existants, décalez-vous si nécessaire.

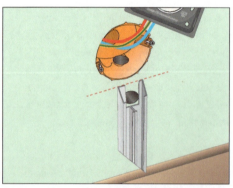

③ Posez un morceau de moulure découpé en biais et dont le socle est évidé au niveau du trou. Découpez l'autre extrémité pour le départ de la ligne.

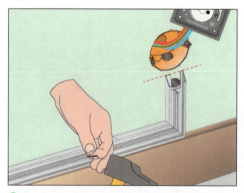

④ Selon les fabricants, réalisez une coupe d'onglet ou droite (selon l'élément d'angle). Continuez la pose de la moulure jusqu'à l'emplacement de la nouvelle prise.

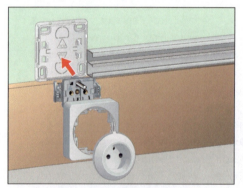

⑤ **Solution 1 :** posez une prise de courant en saillie classique. Cette solution n'est pas recommandée à cause de la mauvaise protection de l'entrée des fils dans le boîtier.

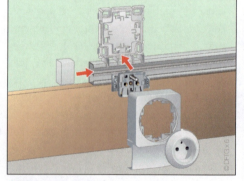

⑥ **Solution 2 :** posez une prise de courant avec un support d'appareillage classique pour moulure, puis posez une terminaison sur l'extrémité de la moulure.

⋯⋯⋗ *Figure 9* : La pose d'une prise supplémentaire sur un circuit existant avec moulure...

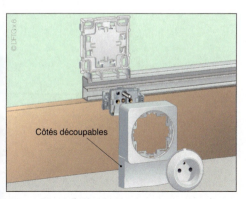

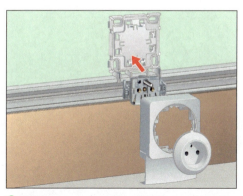

7 **Solution 3 :** s'il est disponible chez le fabricant, utilisez un cadre découpable, mais sans le découper au niveau de la terminaison de la moulure.

8 **Solution 4 :** pour une meilleure esthétique, prolongez la moulure jusqu'à l'angle du mur. Utilisez un cadre classique pour moulure.

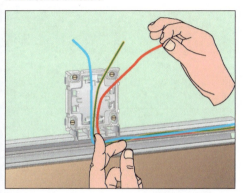

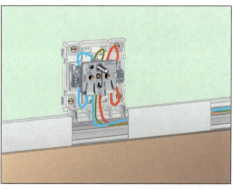

9 Fixez le socle support d'appareillage au mur avec vis et chevilles.Préparez les conducteurs isolés, puis positionnez-les sur le socle.

10 Raccordez le module prise de courant (neutre à gauche, terre au milieu). Débutez la pose des couvercles de la moulure.

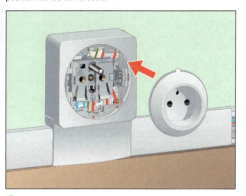

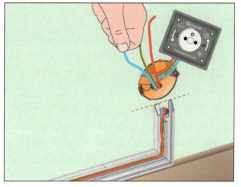

11 Posez le cadre et l'enjoliveur de la prise de courant.

12 Passez les conducteurs jusqu'à l'intérieur du boîtier de la prise existante.

... Figure 9 : La pose d'une prise supplémentaire sur un circuit existant avec moulure...

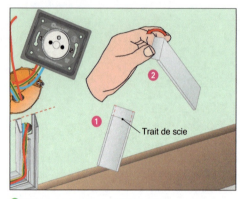

13 Découpez les nervures sur l'envers du couvercle, puis faites un léger trait de scie **1**.
Pliez l'extrémité du couvercle **2**.

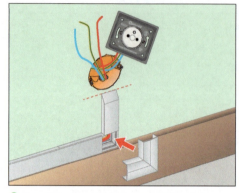

14 Posez l'élément de couvercle en remontée, puis un accessoire d'angle plat.

15 Raccordez la nouvelle ligne sur la prise de courant.

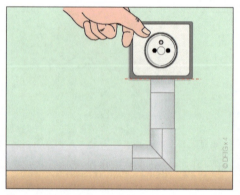

16 Fixez la prise existante, posez l'enjoliveur, puis remettez le courant. Vérifiez le bon fonctionnement des deux prises.

... Figure 9 : La pose d'une prise supplémentaire sur un circuit existant avec moulure ⇠....

Posez ensuite la moulure au-dessus de la plinthe jusqu'à l'emplacement de la nouvelle prise.

Plusieurs solutions existent pour pénétrer dans le boîtier. La plus simple, mais qui doit être réalisée soigneusement afin que les conducteurs soient bien protégés, consiste à arrêter la moulure au droit du boîtier. Normalement, il n'existe pas de partie découpable dans le cadre à cet endroit, mais vous pouvez réaliser une découpe propre avec une lame de scie à métaux, par exemple. Cette solu-

tion permet d'arrêter proprement la moulure. La seconde solution consiste à utiliser un cadre de support d'appareillage classique. Il ne nécessite pas de couper la moulure à cet endroit. Son épaisseur supérieure à celle de la moulure permet de passer les fils sans problèmes. Cependant, il faut utiliser un embout terminal juste après la prise pour fermer l'extrémité de la moulure.

La dernière solution consiste à utiliser un cadre support d'appareillage à découper (disponible selon les fabricants). Il suffit d'arrêter la

moulure sous la prise et de découper uniquement l'un des côtés du cadre, en partie basse.
L'extrémité de la moulure ne sera plus visible.
Pour que la moulure s'intègre mieux au décor,
il peut être judicieux de la prolonger jusqu'à
l'angle rentrant suivant. La prise peut alors se
poser avec un cadre classique comme dans le
deuxième exemple.

Une fois la solution choisie, fixez le socle de
la prise avec des vis et des chevilles adaptées
à la nature de la paroi.
Placez les conducteurs isolés dans une rainure
jusque dans la prise. Vous pouvez les maintenir avec des chutes de couvercle. Raccordez
le module prise de courant (neutre toujours
à gauche, phase à droite et terre au centre).
Le conducteur de neutre doit toujours être
bleu clair, celui de la terre bicolore vert et
jaune, les autres couleurs pour la phase
(souvent rouge, marron ou noir).
Commencez la pose des couvercles à partir
de la prise, posez le cadre, puis l'enjoliveur de
la prise. Continuez le passage des fils jusque
dans le boîtier de la prise existante.
Au niveau de la coupe en biais du socle, vers
la prise, découpez les nervures latérales du
couvercle (d'une longueur équivalente à celle
du biais), puis donnez un léger trait de scie sur
la largeur. Cette entaille permet de plier plus
proprement l'extrémité du couvercle. Coupez
ensuite le morceau de couvercle afin qu'il
coïncide avec l'angle contre la plinthe (droit
ou d'onglet selon le système d'accessoire).

Coupez le courant, dévissez les connexions
des fils existants, puis introduisez ceux du
nouveau circuit. Vissez fermement pour
assurer le bon serrage. Rangez les fils au fond
du boîtier, puis refixez la prise de courant. Réta-
blissez le courant, puis testez les deux prises.

» L'ajout d'une prise semi encastrée avec moulures en plastique

Une installation semi-encastrée consiste
à utiliser des moulures en plastique pour
passer les conducteurs, associées à un appareillage encastré. Les moulures sont alors
très discrètes puisqu'elles cheminent seulement au-dessus de la plinthe et que l'appareillage encastré est plus esthétique.
Il existe deux solutions qui ne nécessitent
pas de travaux importants.
La première concerne les parois recou-
vertes de plaques de plâtre comme les cloisons sèches ou les murs avec doublages
(figure 10).
Vous aurez donc besoin d'un boîtier d'encastrement pour cloisons sèches, d'une
prise encastrable, de moulure plastique
et de conducteurs en 2,5 mm². Pour un
doublage, choisissez un boîtier étanche à
l'air : les entrées sont munies d'opercules
souples. Ces boîtes sont équipées de deux
griffes actionnées par des vis qui se serrent
derrière la plaque de plâtre. Deux autres vis
permettent de fixer l'appareillage.
Faites attention au système de fixation de
l'appareillage. Si la fixation se fait uniquement avec des vis horizontales, placez le
boîtier avec les vis des griffes verticales.
Tracez sur le mur le centre du boîtier, tenez
compte de la hauteur de la moulure. On peut
poser des prises jusqu'à une trentaine de
centimètres de hauteur pour les rendre plus
accessibles.
Utilisez une scie cloche de 67 mm de
diamètre (vérifiez avec le diamètre du boîtier)
pour percer le trou. À l'aplomb du boîtier, au
niveau de la plinthe, réalisez un percement
de la plaque de plâtre au diamètre d'une

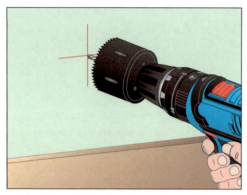

1 Définissez l'emplacement de la prise, puis percez la plaque de plâtre avec une scie cloche de 67 mm de diamètre (vérifiez le diamètre nécessaire avec le boîtier).

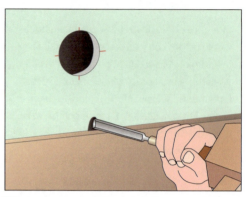

2 Effectuez un percement avec un vieux ciseau à bois, par exemple, au niveau de la plinthe.

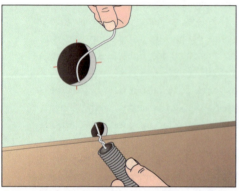

3 Aiguillez un morceau de gaine de type ICTA entre le percement de la plinthe et le trou de boîtier. Utilisez un conducteur électrique, un fil de fer…

4 Utilisez un boîtier d'encastrement pour cloison creuse. Introduisez-y le conduit après avoir découpé une entrée défonçable.

5 Le boîtier se fixe dans la plaque de plâtre à l'aide de griffes qui se replient derrière la plaque en vissant. Coupez le conduit au niveau de la plinthe.

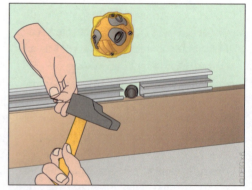

6 Posez la moulure électrique comme dans les exemples précédents. Faites une découpe en partie basse à l'emplacement du conduit.

Figure 10 : La pose d'une prise supplémentaire en semi-encastré sur plaque de plâtre...

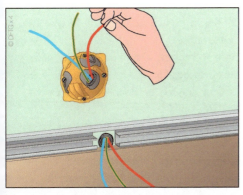

7 Passez des conducteurs isolés dans le conduit, de la plinthe au boîtier électique.

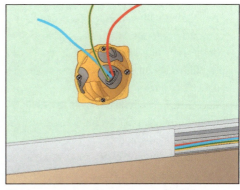

8 Posez le couvercle de la moulure électrique.

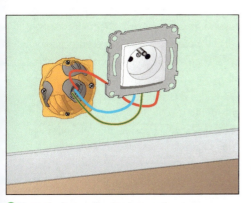

9 Raccordez la nouvelle prise de courant.

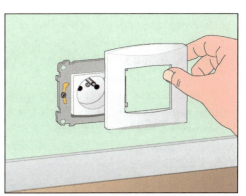

10 Fixez la prise et posez l'enjoliveur. Coupez le courant, puis raccordez-vous sur la prise existante.

... Figure 10 : La pose d'une prise supplémentaire en semi-encastré sur plaque de plâtre ⟵......

gaine électrique (20 mm pour des fils de 2,5 mm²). Utilisez un foret de ce diamètre ou un vieux ciseau à bois et un marteau.

Passez une aiguille (une chute de fil, par exemple) entre le trou de la plinthe et celui du boîtier. Accrochez-y un morceau de gaine ICTA de 20 mm, puis tirez le tout jusqu'au boîtier. Percez l'un des opercules du boîtier, introduisez la gaine de quelques millimètres, puis fixez le boîtier dans son logement.
Coupez la gaine au ras du mur au niveau de la plinthe.

Découpez une encoche dans la moulure en conservant uniquement la paroi latérale supérieure, puis posez le socle au-dessus de la plinthe, comme précédemment, jusqu'à la prise existante sur laquelle sera reprise l'extension.
Si celle-ci est scellée dans une paroi pleine, suivez la même procédure que dans le paragraphe précédent. Si la prise est également posée dans une plaque de plâtre, coupez le courant, déposez la prise et le boîtier, puis passez une gaine entre la plinthe et le boîtier. Reposez le boîtier.

Du côté de la nouvelle prise, passez les conducteurs dans la gaine jusqu'au boîtier en laissant une longueur suffisante. Passez les fils dans une rainure, puis posez les couvercles à l'avancement.

Raccordez la nouvelle prise, rangez les fils au fond du boîtier, puis fixez-la à l'aide des vis. Posez ensuite l'enjoliveur.

Coupez le courant et reprenez-vous sur la prise existante. Remontez cette dernière, remettez le courant, puis vérifiez le fonctionnent des deux prises.

Le second cas de figure pour poser une prise supplémentaire en semi-encastré est celui d'un mur en matériau plein (figure 11). La solution classique consiste à réaliser le trou de boîtier dans la maçonnerie et une saignée pour passer la gaine, puis à sceller le boîtier et combler la saignée au plâtre, comme pour une installation encastrée. Ces opérations sont assez longues à réaliser.

Il existe une solution plus simple qui évite d'avoir à faire du plâtre pour sceller le boîtier. Elle est commercialisée par la marque Legrand. Il s'agit de kits comprenant des gabarits de perçage, des boîtes d'encastrement multimatériaux, des conduits de liaison et de la moulure du même fabricant. Mais il est possible d'utiliser une moulure d'un autre fabricant.

Différentes hauteurs existent pour les conduits de liaison en fonction des moulures ou plinthes. Cette solution nécessite un appareillage à fixation selon l'axe vertical (disponible chez le même fabricant).

Vous aurez besoin pour l'installation du boîtier d'une scie cloche à matériaux d'un diamètre de 67 mm.

Préparez le boîtier en découpant l'opercule pour le passage inférieur. Clipsez le conduit de liaison et sa rallonge selon le type de profilé utilisé.

Tracez l'emplacement de la nouvelle prise, puis détachez l'un des gabarits de perçage. Ils sont équipés de double-face à l'arrière. La partie inférieure se clipse à l'arrière de la moulure (du même fabricant) pour respecter le bon écartement. Avec une autre moulure, coupez le taquet inférieur et utilisez uniquement les taquets supérieurs reposant sur le dessus de la moulure.

Percez le trou du boîtier avec une scie cloche à matériaux (avec dents en carbure) en vous guidant avec le gabarit. Retirez ce dernier après le percement et cassez éventuellement la découpe à l'aide d'un vieux ciseau à bois et un marteau. Avec ces mêmes outils, creusez le passage du conduit entre le trou de boîtier et la plinthe.

Posez le boîtier dans le trou et serrez les griffes latérales en utilisant les vis. Utilisez ensuite la colle acrylique du fabricant pour remplir l'espace entre le boîtier et le percement et coller l'ensemble. C'est une sorte de scellement sans plâtre, beaucoup plus rapide à réaliser et moins salissant. Appliquez la colle par les quatre trous dans la collerette du boîtier.

Passez ensuite à la pose de la moulure au-dessus de la plinthe. Découpez une encoche dans la partie basse de la moulure pour le passage des fils. Passez-les dans les rainures de la moulure, jusqu'au boîtier et dans le conduit. Vous pouvez ensuite poser le couvercle de la moulure.

Raccordez la nouvelle prise de courant (du même fabricant, avec fixations haute et basse et de dimension adaptée au système). Souvent les nouvelles prises ne sont plus munies de plots avec serrage à vis, mais

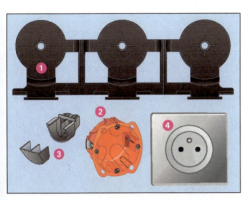

① Legrand propose tous les accessoires pour réaliser ce type d'installation : un gabarit de perçage ①, une boîte multimatériau ②, un conduit de liaison ③ et une prise ④.

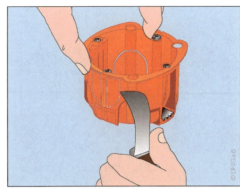

② Découpez l'opercule défonçable situé sur le bas du boîtier.

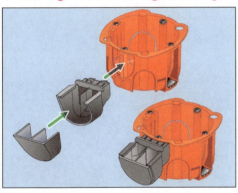

③ Clipsez le conduit de liaison et équipez-le de sa rallonge (pour moulure ou plinthe du fabricant).

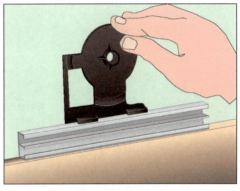

④ Installez un gabarit (double face) clipsé derrière la moulure (avec celle du fabricant) ou en appui sur le dessus après avoir découpé le taquet du bas (autre fabricant).

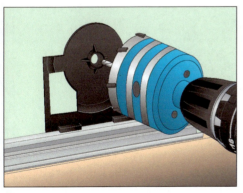

⑤ Percez le trou du boîtier avec une scie cloche à matériaux (ø 67 mm) munie d'un foret guide de 8 mm.

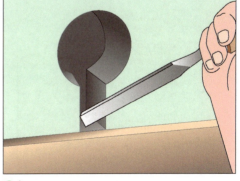

⑥ À l'aide d'un vieux ciseau à bois, creusez le passage pour le conduit de liaison et sa rallonge.

Figure 11 : La pose d'une prise supplémentaire en semi-encastré dans un matériau plein...

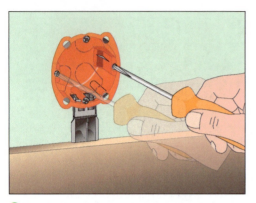

⑦ Fixez le boîtier dans le percement en serrant les vis latérales qui vont écarter les griffes métalliques.

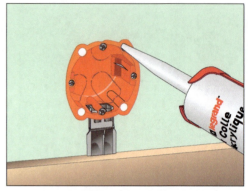

⑧ Utilisez la colle du fabricant (la même que pour la pose de la moulure), en l'injectant au pistolet entre le boîtier et le percement, par les trous de la collerette.

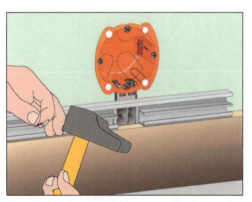

⑨ Posez le socle de la moulure en ayant pris soin de découper le passage pour les conducteurs.

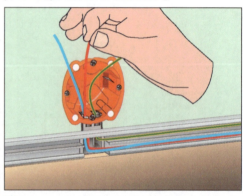

⑩ Passez les conducteurs dans la moulure et le conduit de liaison. Ils sont ainsi protégés mécaniquement.

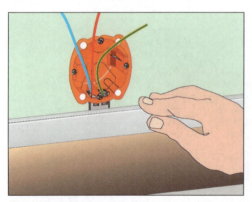

⑪ Posez le couvercle de la moulure.

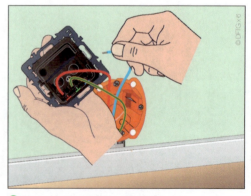

⑫ Raccordez le socle de la prise de courant .

... Figure 11 : La pose d'une prise supplémentaire en semi-encastré dans un matériau plein...

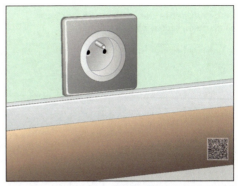

13 Rangez les conducteurs dans le boîtier, puis fixez la prise en utilisant les vis verticales du boîtier.

14 Posez l'enjoliveur, il doit arriver au ras de la moulure. Raccordez-vous ensuite sur la prise existante.

... Figure 11 : La pose d'une prise supplémentaire en semi-encastré dans un matériau plein ⬅···

de connexions automatiques. Il suffit de dénuder les conducteurs selon la longueur recommandée (indiquée au dos de la prise) et d'enfoncer le conducteur dans l'alvéole.

Fixez la prise sur le boîtier après séchage complet de la colle à l'aide des vis du boîtier. Posez l'enjoliveur. Ce dernier cachera la partie du conduit entre le boîtier et la moulure, rendant l'installation très esthétique.

La pose encastrée

La pose encastrée est la solution la plus esthétique pour passer les lignes électriques, puisque seuls les appareillages sont apparents. Les conducteurs isolés sont glissés dans des gaines protectrices. Dans le neuf, les conduits sont posés avant le coulage des parois en béton. Dans l'existant, il est nécessaire de faire des saignées (c'est l'engravement). Le travail est plus long, pénible et dégage beaucoup de poussière. Cette solution est difficilement applicable dans un logement occupé sans protéger soigneuse-

ment la pièce et le mobilier contre la poussière. De plus, après de tels travaux, il est nécessaire de procéder à l'application d'un enduit puis de refaire la peinture.

Les possibilités d'encastrement ont différentes selon la nature et le type de paroi (figure 12). Les normes sont très précises, pour pratiquement tous les cas de figure.

Il est interdit de réaliser des saignées dans des parois porteuses en béton existantes : murs, plafonds ou planchers. Toute extension nécessaire ne pourra donc se faire qu'en apparent.

Pour les murs porteurs en maçonnerie de petits éléments (blocs de béton, de terre cuite, de béton cellulaire…), les saignées ne doivent pas dégrader la résistance du mur ni son étanchéité (pour les parois donnant sur l'extérieur), elles sont fondées sur les règles de l'Eurocode 6 pour les constructions neuves.

Quelle que soit l'épaisseur du mur, une saignée verticale est admise sans limitation de hauteur si sa profondeur maximale ne dépasse pas 30 mm et sa largeur 100 mm.

Les engravements dans les murs porteurs
Parois en béton (après construction)

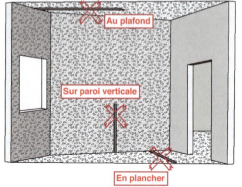

Parois porteuse en maçonnerie de petits éléments (après construction)

Épaisseur du mur porteur en mm	Saignées verticales		Saignées horizontales ou parallèles aux arêtes des parois (profondeur maximale)	
	Profondeur maximale (en mm)	Largeur maximale (en mm)	Longueur non limitée	Longueur ≤ 1 250 mm
85 à 115	30	100	0	0
116 à 175	30	125	0	15
176 à 225	30	150	10	20
226 à 300	30	175	15	25
Plus de 300	30	200	20	30

Les engravements dans les cloisons non porteuses

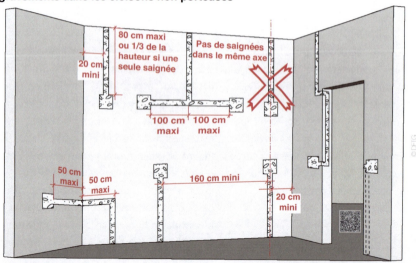

Profondeur d'encastrement et diamètre maximal des conduits dans les cloisons non porteuses (en mm)

Matériaux	Profondeur maxi	Diamètre maxi
Briques creuses enduites de :		
- 35 mm d'épaisseur (doublage avec enduit 45 mm) ;	1 alvéole	16
- 50 mm d'épaisseur (cloison enduite de 70 mm) ;	1 alvéole	25
- 70 mm d'épaisseur (cloison enduite de 90 mm) ;	1 alvéole	20
- 80 mm d'épaisseur (cloison enduite de 100 mm) ;	1 alvéole	25
- 100 mm d'épaisseur (cloison enduite de 120 mm).	1 alvéole	32
Carreaux de béton cellulaire ou de plâtre à parement lisse, plein ou alvéolé de :		
60 mm d'épaisseur ;	20	16
70 mm d'épaisseur ;	20	16
80 mm d'épaisseur ;	20	16
100 mm d'épaisseur.	25	20
Briques perforées ou pleines de 55 mm	18	16
Blocs de béton creux ou pleins enduits de 75 mm	18	16

Figure 12 : Les règles d'engravement

La largeur de la saignée peut être augmentée selon l'épaisseur du mur. Pour une épaisseur comprise entre 116 et 175 mm la largeur peut être portée à 125 mm. Pour une largeur de 176 à 225 mm, la largeur peut atteindre 150 mm, jusqu'à 175 mm pour un mur de 226 à 300 mm et jusqu'à 200 mm pour une paroi d'épaisseur supérieure à 300 mm. Une saignée verticale qui ne dépasse pas le tiers de la hauteur d'étage au-dessus du niveau du plancher peut avoir une profondeur maximale de 80 mm et une largeur de 120 mm, uniquement si l'épaisseur du mur est supérieure ou égale à 225 mm. La distance entre deux saignées verticales ou avec une ouverture ne doit pas être inférieure à 225 mm. La largeur de toutes les saignées ne doit pas dépasser 0,13 fois la longueur du mur concerné.

Les saignées verticales qui ne s'étendent pas sur plus de la moitié de la hauteur d'étage peuvent avoir une profondeur maximale de 45 mm et une largeur de 80 mm si la paroi est d'une largeur supérieure ou égale à 150 mm. Dans les autres cas, respectez les recommandations précédentes.

En ce qui concerne les saignées horizontales, s'il n'est pas possible de les éviter, elles doivent être localisées sur 1/8 de la hauteur d'étage, à partir du plancher ou du plafond. Elles ne doivent pas être pratiquées si le mur a une épaisseur inférieure à 116 mm. De plus, leur profondeur dépend de leur longueur. Si la saignée ne dépasse pas 1 250 mm, sa profondeur maximale doit être de 15 mm pour des murs jusqu'à 175 mm d'épaisseur, 20 mm pour des murs jusqu'à 225 mm, 25 mm pour des murs jusqu'à 300 mm et 30 mm pour des murs d'une épaisseur supérieure à 300 mm. Si la saignée est d'une longueur supérieure à 1 250 mm, elle est autorisée uniquement dans un mur porteur d'une épaisseur supérieure à

175 mm. Sa profondeur maximale doit être de 10 mm pour des murs jusqu'à 225 mm d'épaisseur, de 15 mm pour des murs jusqu'à 300 mm et de 20 mm pour des murs supérieurs à 300 mm.

En rénovation, les saignées qui ne dépassent pas 750 mm de longueur peuvent avoir une profondeur maximale de 45 mm et une largeur jusqu'à 50 mm, si l'épaisseur du mur porteur est au moins de 150 mm et qu'elles respectent la règle des 1/8.

La distance entre une saignée horizontale et une ouverture ne doit pas être inférieure à 500 mm. La distance entre deux saignées adjacentes, de longueur limitée, ne doit pas être inférieure au double de la longueur de la saignée la plus longue, que celles-ci soient du même côté de la paroi ou non. La largeur d'une saignée ne doit pas dépasser la moitié de l'épaisseur restante du mur. Il est possible de réaliser des saignées d'une profondeur maximale de 10 mm sur les deux faces d'un mur porteur seulement si son épaisseur est supérieure à 225 mm.

Pour les parois non porteuses et les cloisons, les saignées et les trous de boîtes d'encastrement doivent être réalisés avec des outils électroportatifs (rainureuses, scie-cloche montée sur une perceuse…) afin de ne pas fragiliser le bâti. Les saignées horizontales sont autorisées uniquement d'un même côté de la cloison. Les saignées doivent être pratiquées dans l'alignement des éventuelles alvéoles des éléments. Pour les saignées horizontales, il est interdit de dépasser la longueur de 0,50 m, de part et d'autre d'une intersection avec une autre cloison ou avec un mur. Elles ne doivent pas dépasser un mètre de part et d'autre d'une saignée verticale.

Une saignée verticale ne doit pas dépasser la longueur de 0,80 m à partir du plafond ou de 1,30 m à partir du plancher. La longueur de 0,80 m peut être portée au 1/3 de la hauteur d'étage si la saignée est la seule réalisée dans la cloison.

Sur un même axe, il est interdit de réaliser une tranchée à partir du plancher et une autre à partir du plafond. La distance entre deux saignées verticales ne doit pas être inférieure à 1,60 m, qu'elles soient du même côté ou de chaque côté de la cloison. Une distance minimale de 0,20 m doit être respectée entre une saignée verticale et un angle ou l'intersection avec un mur ou une autre cloison. Les conduits doivent être maintenus dans les saignées avec des patins de plâtre en attendant leur complet rebouchage.

Il est interdit de pratiquer des saignées dans les conduits de fumée et dans leurs cloisons de doublage éventuelles.

Selon les matériaux constituant la paroi non porteuse et leur épaisseur, les règles d'encastrement sont limitées (généralement de 16 à 20 mm maximum, voir tableau).

» Le matériel

La pose de circuits électriques en encastré se fait avec des conducteurs isolés passés dans des conduits isolants souples annelés (figure 13). Il est interdit d'encastrer directement des conducteurs isolés ou des câbles sans conduit. Les conduits doivent avoir une classification minimale de 3321. Les quatre chiffres de cette cette classification indiquent la résistance à l'écrasement, la résistance aux chocs et les températures minimales et maximales d'utilisation.

Les conduits sont caractérisés par des lettres indiquant leur nature. La première lettre peut être I (isolant), M (mécanique) ou C (composite). La deuxième lettre (ainsi que la troisième, si le marquage comporte quatre lettres) peut être R (rigide), C (cintrable), T (transversalement élastique), S (souple). La dernière lettre indique l'aspect intérieur du conduit : A (annelé), L (lisse).

Des marquages sur le conduit indiquent également sa conformité aux normes et son diamètre extérieur.

L'engravement des circuits électriques
Les conduits

Types courants	Variantes	Diamètres	Utilisation
ICTA 3422	Avec tire-fil / Précâblé / Couleurs	16 20 25 32 40 50 63	Universelle : - en apparent ; - engravé dans une saignée ; - noyé dans le béton. En apparent extérieur, conduit résistant aux UV uniquement (couleur ivoire).
ICA 3422	Couleurs	Idem	En apparent (intérieur ou extérieur) Engravé dans une saignée (murs uniquement)

······▸ *Figure 13* : L'engravement des circuits électriques...

Le remplissage des conduits

Il est possible de passer les conducteurs dans les conduits avant ou après la pose. Dans ce dernier cas, le taux de remplissage du conduit ne doit pas dépasser 1/3 de sa section.

Diamètre minimal du conduit	Nombre maximal et section des conducteurs H07 V-U ou R (en mm²)
16	1 à 3 × 1,5
20	4 à 6 × 1,5 - 3 × 2,5 - 3 × 4
25	7 × 1,5 - 5 à 6 × 2,5 - 3 × 2,5 + 3 × 1,5 - 3 × 6 - 1 à 2 câbles communication, télécom ou TV
32	3 × 10 - 3 × 16 - 3 à 4 câbles communication, télécom ou TV

Les règles à respecter

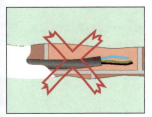

Il est interdit d'engraver un câble ou des conducteurs directement dans une saignée sans conduit.

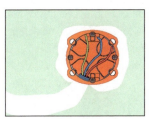

Toute canalisation doit aboutir dans une boîte d'encastrement, à l'exception de l'alimentation d'appareils qui en disposent.

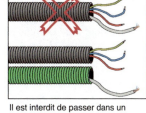

Il est interdit de passer dans un même conduit des circuits de courants forts (230 V) et de courant faible (TV, téléphone…).

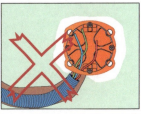

Les conduits doivent pénétrer de quelques millimètres dans les boîtes d'encastrement.

© DFTG

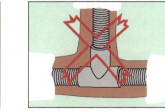

Il est interdit de noyer des accessoires (coudes, tés) dans les parties engravées.

... *Figure 13* : L'engravement des circuits électriques ‹....

Les conduits les plus utilisés en rénovation sont de deux types. Les conduits ICA 3422 peuvent être utilisés en montage apparent intérieur ou en extérieur ou encastré mais dans les parois verticales uniquement. Les conduits ICTA 3422 sont d'usage universel. Il est possible de les installer en montage apparent intérieur ou extérieur, noyé dans les murs ou dans les planchers, avant ou après la construction. Ils sont gris, bleus, verts ou marron. Ils sont commercialisés avec ou sans tire-fil. Les couleurs disponibles

permettent de différencier les circuits, par exemple, le bleu pour les prises de courant et les commandes, le marron pour les lignes spécialisées et le vert pour les courants faibles.

Le tire-fil permet d'accrocher les conducteurs et de les tirer pour les faire passer dans le conduit. Il existe également des conduits précâblés équipés de conducteurs en 1,5 ou 2,5 mm². Ils sont plus chers que les conduits seuls et conviennent uniquement pour les circuits simples comme les alimentations de prises de courant. Il est possible de poser les conducteurs avant ou après la pose des conduits. En rénovation, il est plus judicieux de les passer avant. Si le passage des fils s'effectue après la pose, il faut respecter la règle dite des 1/3, c'est-à-dire que les conducteurs ne doivent pas occuper plus de 1/3 de la section du conduit. Pour le passage des conducteurs avant la pose des conduits, il n'y a pas de règle. Néanmoins, les conduits ne doivent pas être surchargés, ce qui pourrait détériorer les conducteurs ou provoquer des échauffements.

Certaines règles doivent être respectées pour la pose des conduits et des boîtes d'appareillage.

Tout conduit encastré alimentant un appareillage fixe (prise, interrupteur, luminaire, chauffage…) doit aboutir dans une boîte de raccordement. Pour les appareillages, ce sera le boîtier encastré. Pour certains appareils, le conduit peut aboutir directement dans l'appareil s'il dispose de sa propre boîte de connexion (comme un chauffe-eau ou une réglette fluorescente étanche).

Il n'est pas nécessaire de poser une boîte à la transition entre deux modes de pose, s'il n'y a pas interruption des conducteurs. Par exemple quand l'on passe d'une pose encastrée à une pose apparente.

Les conduits doivent pénétrer de quelques millimètres dans les boîtes d'encastrement. Il est interdit d'utiliser des accessoires noyés dans la paroi comme des tés ou des coudes. Seuls des manchons sont admis.

On ne doit pas passer dans un même conduit des circuits de nature différente : circuits en 230 V et câble de téléphone ou de télévision, par exemple.

Comme nous avons indiqué précédemment, les saignées dans les cloisons constituées de petits éléments doivent être effectuées uniquement avec une rainureuse (figure 14). L'utilisation d'une massette et d'un ciseau à brique peut affaiblir la cloison (profondeur non maîtrisée) et créer des fissures. Rappelons que pour les cloisons sèches constituées de plaques de plâtre vissées sur une ossature métallique, il est interdit de découper les plaques de plâtre pour faire une saignée.

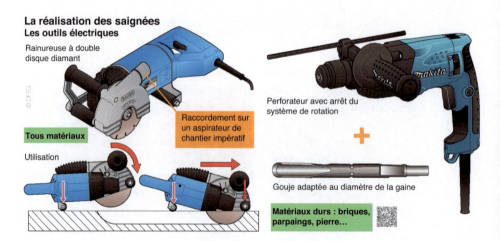

La réalisation des saignées
Les outils électriques

Rainureuse à double
disque diamant

© DFIG

Tous matériaux

Utilisation

Raccordement sur
un aspirateur de
chantier impératif

Perforateur avec arrêt du
système de rotation

Gouje adaptée au diamètre de la gaine

Matériaux durs : briques,
parpaings, pierre…

Figure 14 : La réalisation des saignées...

Autre solution

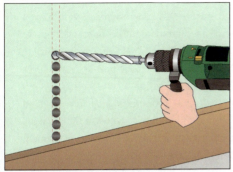

① Tracez la saignée. Percez des trous sur toute la longueur avec un foret à béton du diamètre de la gaine, avec percussion ou sans (matériaux tendres).

② Terminez la saignée avec un ciseau de maçon et une massette (matériaux durs) ou un vieux ciseau à bois et un marteau (matériaux tendres).

Restrictions

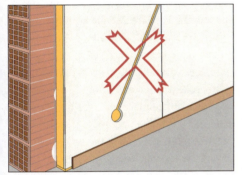

Il est interdit de réaliser des saignées dans les plaques de plâtre des doublages ou des cloisons sèches.

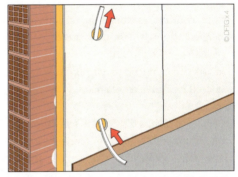

Vous devez aiguiller une gaine en passant entre l'isolant et la plaque de plâtre.

... Figure 14 : La réalisation des saignées ⇐---

Cette disposition est également valable pour les doublages avec isolant et plaques de plâtre.

On peut effectuer des percements pour les trous des boîtiers et passer une aiguille entre ces deux trous (couvercle de moulure, fil de fer, tube plastique rigide type IRL…).

Les rainureuses électriques sont des outils électroportatifs relativement onéreux, notamment les modèles de grande marque. Pour des travaux occasionnels, vous pouvez vous tourner vers la location. Cependant, ces outils dégagent énormément de poussière. Il n'est pas envisageable de les utiliser sans

les raccorder sur un aspirateur de chantier. Les rainureuses les plus performantes sont celles à disques diamant.

Elles conviennent pour tous types de parois, des plus tendres (carreaux de plâtre, béton cellulaire, briques creuses) aux plus dures (moellons, parpaings, brique pleine…). Elles sont équipées de deux disques diamant parallèles dont l'écartement détermine la largeur de la saignée. Le réglage de l'écartement est généralement possible de 7 à 35 mm environ. La profondeur maximale des saignées est légèrement inférieur à

50 mm, selon les modèles. Prévoyez au moins 5 mm de profondeur de plus que le diamètre de la gaine pour le recouvrement par le plâtre de scellement. Les rainureuses sont indiquées pour les saignées en ligne droite. Il n'est pas possible de faire de courbes, seuls les parcours obliques sont possibles. Vous devrez ensuite évider manuellement la matière entre les deux saignées. Il existe des modèles à trois disques qui permettent d'évider totalement la rainure.

Excepté pour les cloisons, pour des parois constituées de matériaux durs (pierre, parpaings, briques pleines), vous pouvez utiliser une gouge montée sur un perforateur burineur. Il s'agit d'un perforateur dont on peut arrêter la rotation pour ne conserver que la fonction burineur. La largeur de la gouge doit être adaptée au diamètre de la gaine à encastrer.

Si vous ne disposez pas de ce type de perforateur, mais d'un modèle simple, il existe une autre solution, à réserver néanmoins pour de petites longueurs de saignées. Vous pouvez équiper votre perforateur d'un foret de diamètre équivalent à celui de la gaine (16 ou 20 mm, par exemple). Après avoir tracé le cheminement de la saignée sur la paroi, percez des trous juxtaposés sur toute la longueur, puis terminez le travail avec un ciseau de maçon et une massette. Pour obtenir une profondeur régulière (environ 5 mm de plus que le diamètre de la gaine), vous pouvez utiliser la butée de profondeur de la machine.

» Reboucher les saignées

Pour reboucher les saignées, on utilise le plus souvent du plâtre de Paris (n'utilisez pas de plâtre gros ou du plâtre à modeler). Pour certains matériaux comme les carreaux de plâtre, il est conseillé de mélanger du plâtre et de la colle à carreaux (50/50).

Il est impératif de maîtriser la réalisation du plâtre, car il est utile pour toute installation encastrée (scellement traditionnel des boîtes d'encastrement, rebouchage des saignées).

Au début, n'hésitez pas à en faire de petites quantités pour vous entraîner. Une fois les

① Matériel nécessaire : de l'eau, du plâtre de Paris, une auge de maçon, une truelle et une truelle Berthelet.

② Versez de l'eau dans l'auge en fonction de la quantité de plâtre désiré.

Figure 15 : Faire du plâtre...

3 Saupoudrez le plâtre dans l'eau jusqu'à la formation de petits îlots que l'eau ne semble plus pouvoir absorber.

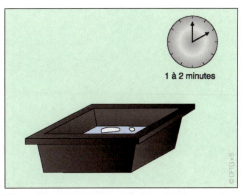

4 Laissez reposer une à deux minutes le temps que le plâtre s'imbibe.

5 Mélangez en effectuant un mouvement circulaire du poignet jusqu'à l'obtention d'un mélange crémeux.

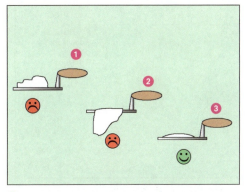

6 Vous pouvez vérifier si vous avez obtenu la bonne consistance en plongeant la truelle dans le plâtre. La consistance 3 doit être obtenue.

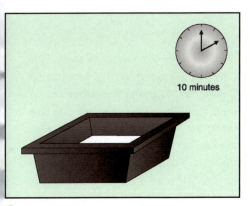

7 Laissez reposer le mélange pendant une dizaine de minutes.

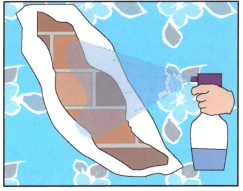

8 Pendant ce temps, humidifiez la zone à garnir. Retirez éventuellement le revêtement aux abords de la saignée.

... *Figure 15* : Faire du plâtre...

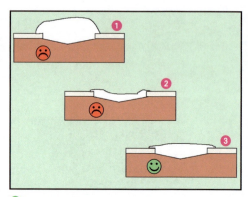

9 Appliquez le plâtre sur le raccord sans hésiter à déborder. Pressez-le pour qu'il adhère parfaitement au fond de la saignée.

10 Lors de l'application, le résultat obtenu devra correspondre à l'exemple 3.

11 Attendez 10 à 15 minutes que le plâtre prenne.

12 Dégrossissez le raccord avec la Berthelet. Vous pouvez ensuite le peaufiner avec la tranche de la truelle ou avec un couteau à enduire.

... Figure 15 : Faire du plâtre ←····

raccords de plâtre réalisés et grattés, il faut attendre le séchage complet, soit une quinzaine de jours à température normale, avant de procéder à la réalisation de l'enduit de lissage.

Pour maintenir les gaines dans les saignées, coincez-les avec de petits morceaux de gravats, de bois ou des taquets de plâtre. Évitez les clous plantés en biais qui pourraient endommager les gaines.

Pour l'outillage, munissez-vous d'une auge de maçon en plastique de 20 ou 25 l (figure 15),

une truelle Berthelet, une truelle ronde, éventuellement une langue de chat (plus pratique pour sceller les boîtes d'encastrement), un seau, du plâtre et, naturellement, de l'eau. Après usage, refermez correctement le sac de plâtre afin de le protéger de l'humidité et d'éviter qu'il ne s'évente.

Avant d'effectuer des raccords sur du papier peint, humidifiez le support et arrachez le papier autour du trou de scellement ou de la saignée. Sinon le plâtre, une fois sec, risque de se décoller.

En phase de gâchage, le plâtre doit chauffer après quelques minutes. Si tel n'est pas le cas, il est peut-être éventé. Inutile de l'utiliser, vous n'obtiendrez qu'un résultat médiocre, même si la consistance peut sembler satisfaisante.

Commencez par verser de l'eau dans l'auge selon la quantité de plâtre nécessaire (on ne fait jamais le contraire de l'eau sur le plâtre). Saupoudrez ensuite le plâtre dans l'auge jusqu'à la formation de petits îlots, comme si le plâtre ne pouvait plus absorber l'eau. Laissez reposer quelques minutes pour que la poudre s'imbibe correctement, puis mélangez jusqu'à l'obtention d'un mélange crémeux.

Faites un test en prenant un peu de plâtre avec la truelle. Si le mélange coule, le plâtre est trop liquide, s'il forme une motte, il n'y a pas assez d'eau. Si le mélange est trop liquide, saupoudrez un peu de plâtre supplémentaire et mélangez. Le mélange est correct quand le plâtre présente une forme bombée sur le dessus de la truelle et qu'il s'écoule légère-ment. Il a alors un peu la consistance d'un fromage blanc battu.

Si le plâtre semble trop compact, rajoutez un peu d'eau et reprenez le mélange.

Ensuite, laissez reposer de nouveau quelques minutes tout en le surveillant.

Le plâtre va commencer à prendre et le mélange va s'échauffer. Dès que vous pouvez découper des portions dans le mélange, appliquez-le.

Si le support est poreux, humidifiez-le avant d'appliquer le plâtre, cela évitera la prise trop rapide et des fissures.

Appliquez généreusement le plâtre, car il va se produire un léger retrait dû à l'évaporation de l'eau.

Laissez sécher, puis dégrossissez le raccord et lissez-le. Si le plâtre bouloche lors de cette opération, c'est qu'il n'est pas assez sec, attendez encore quelques minutes.

N'attendez pas trop longtemps pour le séchage ou le dégrossissage, car plus le plâtre sèche plus il est difficile à travailler.

3 Le remplacement d'appareillages

Pour remettre en sécurité une installation électrique ou lui donner une nouvelle jeunesse, il est souvent nécessaire de remplacer les appareillages anciens tels que les prises et interrupteurs ou autres commutateurs d'éclairage. Les appareillages qui ont vieilli fonctionnent mal, peuvent être cassés ou mal fixés (ce qui représente un danger de contact avec des parties sous tension) ou pour les prises, ne plus être adaptées au raccordement des fiches des appareils électriques actuels.

De nombreux types d'appareillages ont eu cours et ont été commercialisés depuis le début du siècle précédent.

Les plus anciens étaient rarement encastrés (figure 16), souvent en porcelaine ou en bakélite, de forme ronde et fixés au mur par l'intermédiaire d'un petit socle rond en bois cloué dans le plâtre sur lequel on les vissaient. On n'utilisait rarement des chevilles à l'époque (ou des chevilles « faites maison » avec du bois et qui n'étaient pas très efficaces). Sont apparus ensuite les modèles en plastique, puis les formes sont devenues plus rectangulaires et la pose directe sur la paroi avec des vis et des chevilles s'est généralisée.

Le remplacement des appareillages en saillie est assez simple à réaliser puisque ce type de matériel existe toujours, mais dans des formes plus modernes et plus sécurisées.

Le remplacement des appareillages anciens est beaucoup plus compliqué lorsqu'on a affaire à des modèles encastrés. De nombreuses séries ont été produites avec toutes les aspects imaginables. De plus, la standardisation n'était pas de mise. C'est

pourquoi il est possible de trouver des appareillages montés dans divers types de boîtiers qui ne sont plus adaptés à l'installation de modèles récents et peuvent être dangereux, comme les boîtiers en métal.

Dans ce cas, il est nécessaire de déposer l'ancien boîtier avec précaution pour en installer un nouveau, de façon classique (scellement au plâtre) ou avec un système de boîtier multi-matériaux et scellement à la colle acrylique.

D'autres appareillages étaient installés dans des boîtiers d'encastrement avec fixation à vis. Dans ce cas, il est parfois possible d'installer directement un appareillage récent avec le même type de fixation, en l'adaptant un peu éventuellement.

Ensuite est venu le système de fixation à griffes. L'appareillage était muni de deux griffes métalliques latérales qui s'écartaient par vissage par la face avant. Les boîtiers étaient ronds et striés à l'endroit de l'emprise des griffes.

Le remplacement des appareillages anciens (sans travaux de rénovation)

Appareillages en saillie

À **remplacer par...**

Interrupteur en saillie fixation par vis et chevilles

Interrupteur en porcelaine	Prise 2P en porcelaine	Interrupteur en plastique	Prise 2P en plastique

Prise de courant à puits en saillie 10/16 A 2P (absence de terre sur le circuit d'alimentation)

Prise de courant à puits en saillie 10/16 A 2P + T (si possibilité de raccordement à un conducteur de terre)

Interrupteur série Azur	Prise 2P série Azur	Interrupteur série Mistral	Prise 2P série Mistral

Appareillages encastrés

À **remplacer par...**

Interrupteur série Interlux	Prise 2P série Interlux	Interrupteur série Amboise	Prise 2P série Railux

Boîte d'encastrement multimatériau ➕ Appareillage moderne à fixation par vis

À **remplacer par...**

Appareillage moderne à fixation par vis (si adaptation possible dans le boîtier sinon solution ci-dessus)

Prise 2P série Chambord	Prise 2P + T série Diplomat	Interrupteur série Diplomat

À **remplacer par...**

Appareillage moderne en utilisant le système de fixation par griffes

Interrupteur série Europa	Interrupteur série Neptune	Prise 2P + T série Neptune	Interrupteur série Neptune 2

Appareillages en plinthe

Prise de plinthe 2P en inox et porcelaine

À **remplacer par...**

Prise de plinthe 10/16 A 2P avec puits

Ou, si le passage d'un conducteur de terre est possible (rénovation)

Prise de plinthe 2P en plastique

Prise de plinthe 10/16 A 2P + T

Appareillages étroits

À **remplacer par...**

Interrupteur étroit en saillie

Interrupteur étroit	Prise 2 P étroite

Pas de solution de remplacement

©LFIG

Figure 16 : Le remplacement d'appareillages anciens

Malheureusement, si ce principe d'installation était très rapide et convenait parfaitement pour les interrupteurs et autres commutateurs, il n'était pas satisfaisant pour les prises de courant. Les utilisateurs avaient tendance à tirer fortement sur les fiches et arrachaient les prises de leur boîtier, rendant les fils apparents, avec le danger que cela représentait. De plus, un mauvais positionnement des conducteurs dans le boîtier pouvait les coincer derrière les griffes et détériorer l'isolant lors du serrage, mettant éventuellement la vis de serrage sous tension.

Les évolutions de la norme ont interdit ces systèmes de fixation pour les installations neuves. Seule la fixation par vis est désormais autorisée.

Néanmoins, et uniquement en cas de remplacement, on peut encore utiliser une fixation à griffes. Les appareillages récents sont souvent commercialisés avec les deux systèmes de fixation. L'opération de remplacement est alors très simple.

Enfin, il existait des appareillages étroits (encastrés ou en saillie) et souvent installés dans les endroits exigus ou seul un appareillage de ce type pouvait être installé. Si l'appareillage est installé de façon classique, il est nécessaire de remplacer le boîtier d'encastrement. S'il est placé dans un endroit très étroit, il sera difficile de trouver une solution. On rencontrait ce type d'interrupteur encastré dans les huisseries métalliques de portes, par exemple. Le fabricant Legrand commercialise encore des interrupteurs étroits en saillie, ce qui constitue une solution d'adaptation.

On a également utilisé beaucoup de prises de courant encastrées dans les plinthes. Il s'agissait de plinthes électriques ou de moulures en bois apposées au-dessus de la plinthe.

La fixation était facile puisqu'elle se faisait dans la plinthe posée par le menuisier. Les modèles les plus anciens disposaient d'une plaque en acier inoxydable et d'entrées de prise en porcelaine. Ces appareillages sont très dangereux, la porcelaine étant souvent cassée : la fiche mal insérée provoque la mise sous tension de la plaque. Ces modèles sont par conséquent à remplacer impérativement. Les séries les plus récentes étaient en plastique. Cependant, les diamètres d'encastrement ont changé et sont plus larges. Il suffit d'élargir le trou pour poser un modèle récent, ce qui est assez simple, rapide et ne provoque pas trop de dégâts (voir paragraphes suivants).

Le remplacement d'une prise en saillie

Pour cet exemple, nous avons choisi un cas un peu extrême, celui d'une prise de courant ancienne en porcelaine alimentée avec des conducteurs isolés en coton et en caoutchouc passés dans une moulure en bois.

Ce type de prise était généralement vissé sur un socle en bois lui-même cloué sur la paroi. Il faut le déposer afin d'avoir une surface plane pour poser la nouvelle prise.

Coupez l'alimentation générale de l'installation. Dévissez la prise de courant (figure 17), puis déconnectez les conducteurs d'alimentation.

Déposez délicatement le couvercle de la moulure en bois, en faisant levier avec un ciseau à bois, par exemple. Coupez le socle à l'horizontale à l'aide d'un ciseau à bois en bon état afin d'éviter les éclats de bois. Le fait de recouper la moulure permettra de gagner un peu de longueur sur les

Le remplacement d'une ancienne prise en saillie

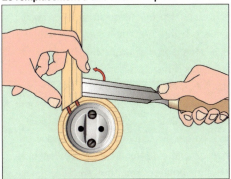

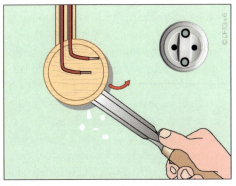

1 Coupez le courant sur le disjoncteur général. Déposez délicatement le couvercle de la baguette électrique (ici ancienne moulure en bois).

2 Déposez, puis déconnectez la prise de courant. Déposez le socle en bois (si la prise en comporte un). Vérifiez l'état de l'isolant des conducteurs.

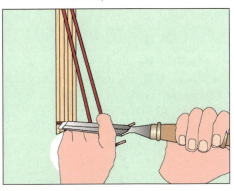

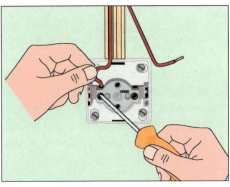

3 Découpez horizontalement le socle de la moulure électrique (si elle est en biais comme ici).

4 Approvisionnez une prise de courant en saillie. Fixez le socle au mur à l'aide de vis et de chevilles. Raccordez les conducteurs.

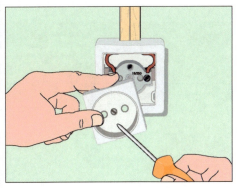

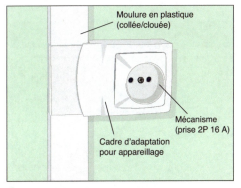

5 Découpez le cadre de la prise pour permettre le passage des conducteurs, posez-le ainsi que le capot. Reclouez le couvercle après découpe à la mesure.

6 Si la moulure est en mauvais état, déposez-la jusqu'au premier changement de direction. Remplacez-la par une moulure en plastique avec ses accessoires.

·····⟩ *Figure 17* : Le remplacement d'une prise en saillie

conducteurs et permettra à la nouvelle prise de joindre parfaitement à la moulure. En aucun cas les conducteurs ne doivent être apparents entre la prise et la moulure. Vérifiez l'état des conducteurs et celui de l'isolant. Si ce dernier est défectueux ou cassant, reconstituez-le avec du ruban adhésif isolant ou avec un manchon thermorétractable.

Si les conducteurs semblent trop courts, coupez le socle de la moulure un peu plus haut. Installez la nouvelle prise, fixez le socle à l'aide de vis et chevilles appropriées à la nature de la paroi. Raccordez les conducteurs en les serrant correctement, puis mettez en place le cadre, après découpe pour le passage des conducteurs, puis vissez le capot. Ensuite, recoupez le couvercle de la moulure en bois de façon qu'il épouse parfaitement le bord du capot de la prise. Utilisez par exemple une lame de scie à métaux. Fixez-le avec quelques petits clous. Donnez un coup de marteau sur la pointe des clous pour l'émousser afin que les clous ne fendent pas le couvercle.

Remettez l'installation sous tension, vérifiez le bon fonctionnement de la nouvelle prise.

Si la moulure est en mauvais état, vous pouvez la déposer jusqu'au premier changement de direction (un angle, par exemple) et la remplacer par un profilé en plastique de dimensions correspondantes. Installez ensuite un cadre d'adaptation pour appareillage, puis un module prise de courant. Vous pouvez en profiter également pour remplacer une partie des conducteurs s'ils sont en mauvais état et reprendre les raccordements dans une boîte de connexion en saillie.

Le remplacement d'une prise de plinthe

Ce type de prises de courant était très répandue. Toutes les prises de plinthe anciennes avec plastron métallique doivent être remplacées (figure 18). Elles sont dangereuses car elles permettent des contacts avec des parties sous tension lorsqu'on introduit une fiche. De plus, leurs alvéoles entourées de céramique sont souvent cassées, ce qui est également dangereux. Le diamètre des alvéoles est étroit (prises dites 6 A) et

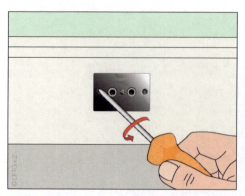

❶ Coupez le courant sur le disjoncteur d'abonné. Déposez la prise de courant. Déconnectez les conducteurs.

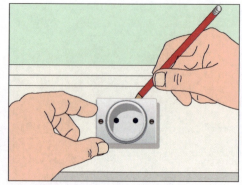

❷ Placez la nouvelle prise devant le percement de la plinthe, puis tracez le pourtour de la partie encastrable. Protégez les fils et isolez-les.

·····⟩ *Figure 18* : Le remplacement d'une prise de plinthe...

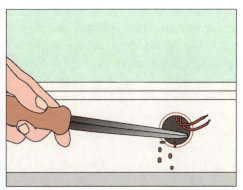

3 Élargissez le percement à l'aide d'une râpe à bois demi-ronde. Les prises modernes sont d'un diamètre supérieur aux anciennes.

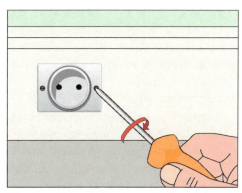

4 Connectez la nouvelle prise de courant, fixez-la sur la plinthe avec des vis à bois.

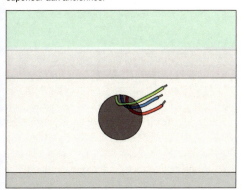

5 En cas de rénovation de l'électricité dans la pièce, remplacez la moulure et les conducteurs. Passez également un conducteur de terre (obligatoire).

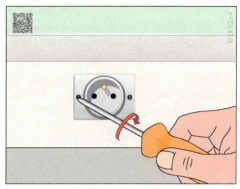

6 Installez de nouvelles prises de courant avec une borne de terre.

... *Figure 18* : Le remplacement d'une prise de plinthe ...

ne permet généralement pas de raccorder des fiches récentes. Les derniers modèles produits sont en plastique, mais leurs alvéoles sont sur le même plan que le plastron, ce qui n'est plus très sécurisant. Les alvéoles des prises récentes sont disposées dans un puits ce qui rend impossible les contacts lors de l'introduction d'une fiche. Ce type de prises est encore commercialisé en modèle avec ou sans prise de terre.

Avant de démonter l'ancienne prise, et si elle est recouverte de peinture ou d'enduit, découpez l'entourage du plastron avec un cutter. Ainsi, vous ne provoquerez pas d'éclats de peinture ou d'enduit lors de la dépose, évitant d'éventuels raccords de peinture.

Coupez l'alimentation générale de l'installation au niveau du disjoncteur principal.

Déposez, puis déconnectez la prise de courant. Vérifiez l'état de l'isolant des conducteurs. Les prises de plinthe récentes requièrent un trou d'encastrement plus grand que les modèles anciens. Vous devez donc agrandir le diamètre du trou dans la plinthe à l'aide d'une râpe à bois demi-ronde. Il se peut également que vous deviez creuser un peu plus le mur derrière la plinthe pour loger la nouvelle prise. Utilisez un vieux ciseau à bois. Cette opération effectuée, connectez, puis reposez la nouvelle prise. Vérifiez son bon fonctionnement. Si d'autres prises se reprennent sur celle que vous avez remplacée, vérifiez qu'elles fonctionnent également.

Il existe des prises de plinthe dites « de passage ». Ces prises sont pourvues d'un socle et d'un enjoliveur. Le socle est semi-encastré. Les conducteurs ne sont pas coupés mais juste dénudés au passage du socle et vissés aux contacts avec des vis et des rondelles. Il est difficile de remplacer ce type de prise car généralement la longueur de fil disponible est trop petite. Il faut couper le fil, essayer de récupérer un peu de longueur en tirant dessus, puis raccorder les fils dans un domino (ou un connecteur) avec un fil supplémentaire pour alimenter la prise.

Dans un projet de rénovation de toute la pièce, remplacez les moulures et les conducteurs et profitez-en pour passer un conducteur de terre. Vous pouvez réaliser les trous pour les nouvelles prises à la scie cloche, directement au bon diamètre. Cette solution sera plus rapide que de reprendre tous les anciens trous de prises existants. Ceux-ci pourront être rebouchés au plâtre. Il faudra juste creuser entre la moulure et la plinthe pour passer les conducteurs.

La prise se fixe à la plinthe avec des petites vis à bois ou VBA.

Il est également possible de remplacer les plinthes existantes par des plinthes électriques. Mais les travaux sont plus importants et onéreux. Les plinthes électriques ne sont pas aussi esthétiques que les plinthes en bois.

Le remplacement d'une prise encastrée ancienne

Comme indiqué précédemment, pour les modèles les plus récents, le remplacement d'une prise de courant est très facile. En revanche, pour les modèles plus anciens, il est nécessaire de remplacer le boîtier (figure 19). Il en existe de nombreux modèles, en baké-lite et souvent en métal. Il n'est généralement

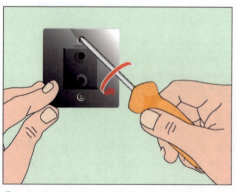

❶ Coupez le courant sur le disjoncteur d'abonné. Déposez, puis déconnectez la prise de courant.

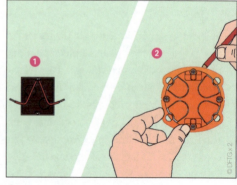

❷ Déposez la prise. Placez une boîte multimatériau sur l'ancien boîtier, puis tracez son contour.

·····⟩ *Figure 19* : Le remplacement d'une prise encastrée ancienne...

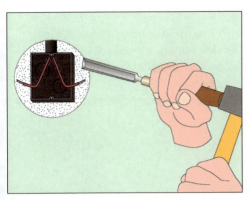

3 Avec un vieux ciseau à bois et un marteau, dégagez l'ancien boîtier en suivant le tracé du nouveau.

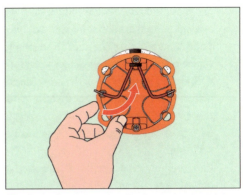

4 Percez un opercule de la boîte, puis enfoncez-la dans le percement en veillant à y faire pénétrer quelques millimètres du conduit. Élargissez le percement si nécessaire.

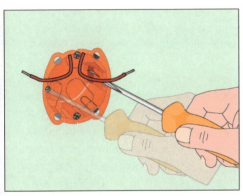

5 Plaquez la boîte au mur, puis serrez les griffes latérales.

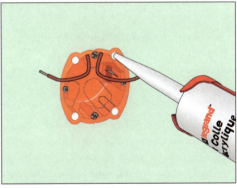

6 Comblez l'espace entre le percement et la boîte avec la colle du fabricant, puis laissez sécher.

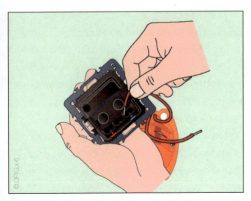

7 Raccordez la nouvelle prise de courant sur les conducteurs existants. Utilisez une prise 10/16 A 2P, s'il n'y a pas de conducteur de terre.

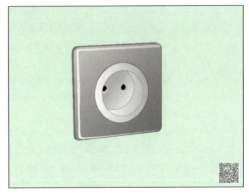

8 Fixez la nouvelle prise sur le boîtier, puis posez l'enjoliveur. Remettez le courant et vérifiez le fonctionnement de la prise.

... Figure 19 : Le remplacement d'une prise encastrée ancienne ⇐·····

pas possible d'adapter directement une prise moderne, que la fixation soit à vis ou à griffes. L'opération ne peut s'effectuer qu'en remplaçant le boîtier par un modèle récent. La solution classique consiste à déposer l'ancien boîtier et à en sceller un nouveau avec du plâtre. Mais l'opération est longue, dégage de la poussière et nécessitera des retouches sur le mur.

Une solution plus simple et plus rapide consiste à sceller un boîtier multimatériau à la colle acrylique.

Coupez le courant au niveau du disjoncteur d'abonné, puis démontez l'ancienne prise (figure 19).

Placez le nouveau boîtier sur l'ancien et tracez son contour. Vérifiez que l'ancien conduit pénétrera bien de quelques millimètres dans le boîtier.

À l'aide d'un vieux ciseau à bois et d'un marteau, creusez soigneusement le trou d'encastrement pour le nouveau boîtier. Cassez, puis retirez l'ancien boîtier et creusez le trou assez profondément pour le nouveau.

Vérifiez au passage l'état de l'isolant des conducteurs. Rénovez-les si nécessaire.

Placez le nouveau boîtier dans le percement de façon que l'ancien conduit pénètre de quelques millimètres. Il faudra peut être un peu forcer et l'enfoncer en biais.

Une fois le boîtier en place, serrez les griffes latérales, de façon que la collerette épouse parfaitement la surface du mur.

Utilisez de la colle acrylique en cartouche. Introduisez-la à refus dans l'espace entre le boîtier et le trou en passant par les alvéoles de la collerette. Laissez sécher un peu avant de poser la nouvelle prise.

Utilisez une prise compatible avec ce type de boîtier (fixations haute et basse), raccordez-la, puis fixez-la avec les vis sur le boîtier. Si l'ancienne prise ne possédait pas de contact de terre, utilisez une nouvelle prise également sans contact de terre pour ne pas porter à confusion.

Placez l'enjoliveur sur la prise.

Connexions et cas particuliers

Si vous êtes amené à intervenir sur des installations électriques anciennes, vous serez souvent confronté à des conducteurs usés dont l'isolant est endommagé. C'est très classique car les isolants se détériorent avec le temps. Il n'est pas envisageable de raccorder des fils avec des parties dénudées sur un nouvel appareillage (risques de courte-circuits, par exemple). Comme toujours, il faut opérer uniquement après avoir coupé l'alimentation électrique au disjoncteur principal. Plusieurs cas de figure peuvent se présenter (figure 20). Si vous disposez de conducteurs d'une longueur suffisante, il suffit de couper la partie endommagée (brûlée, ou isolant détérioré) jusqu'à une partie saine, puis de dénuder l'extrémité pour la raccorder.

Si la longueur disponible est juste suffisante, plusieurs solutions sont possibles.

La première consiste à retirer la partie de l'isolant endommagé, puis, si elle a noirci. de frotter l'âme en cuivre avec un couteau ou de la toile émeri L'oxydation provoque de mauvais contacts électriques.

Ensuite, utilisez de l'adhésif d'électricien que vous enroulerez en plusieurs couches sur la partie dénudée. Une seule couche serait trop fragile. Débutez bien la pose sur la partie saine.

Utilisez une couleur de ruban adhésif adaptée au type de conducteur. N'utilisez pas du

Restaurer l'isolant de conducteurs en mauvais état

Si la longueur est suffisante

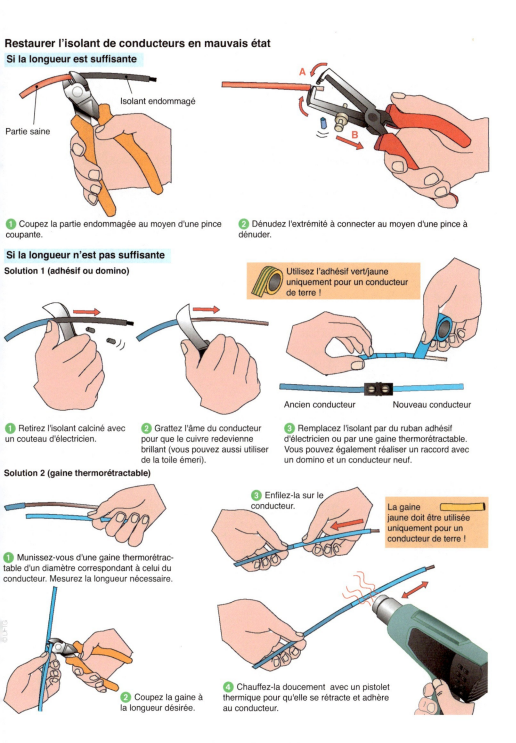

① Coupez la partie endommagée au moyen d'une pince coupante.

② Dénudez l'extrémité à connecter au moyen d'une pince à dénuder.

Si la longueur n'est pas suffisante

Solution 1 (adhésif ou domino)

Utilisez l'adhésif vert/jaune uniquement pour un conducteur de terre !

Ancien conducteur   Nouveau conducteur

① Retirez l'isolant calciné avec un couteau d'électricien.

② Grattez l'âme du conducteur pour que le cuivre redevienne brillant (vous pouvez aussi utiliser de la toile émeri).

③ Remplacez l'isolant par du ruban adhésif d'électricien ou par une gaine thermorétractable. Vous pouvez également réaliser un raccord avec un domino et un conducteur neuf.

Solution 2 (gaine thermorétractable)

③ Enfilez-la sur le conducteur.

La gaine jaune doit être utilisée uniquement pour un conducteur de terre !

① Munissez-vous d'une gaine thermorétractable d'un diamètre correspondant à celui du conducteur. Mesurez la longueur nécessaire.

② Coupez la gaine à la longueur désirée.

④ Chauffez-la doucement avec un pistolet thermique pour qu'elle se rétracte et adhère au conducteur.

Figure 20 : La restauration d'un isolant en mauvais état

ruban vert et jaune qui signale un conducteur de terre sur un conducteur actif. Cela pourrait porter à confusion lors d'interventions futures.

Une autre solution consiste à couper le conducteur sur la partie saine, puis à utiliser un domino ou un connecteur automatique pour raccorder un morceau de fil neuf et le raccorder à l'appareillage en toute sécurité. Vous devez juste disposer de suffisamment de place pour installer les connecteurs.

Enfin, la dernière solution et certainement la plus sûre, consiste à utiliser des manchons rétractables. Retirez la partie endommagée de l'isolant, puis nettoyez l'âme en cuivre. Procurez-vous un manchon isolant adapté au diamètre du conducteur à rénover. Après découpe à la longueur nécessaire, glissez le manchon sur le conducteur. Prévoyez un chevauchement sur la partie saine du conducteur.

Chauffez le manchon avec un pistolet thermique à température basse. Le manchon va se rétracter sous l'effet de la chaleur pour venir épouser la forme du conducteur.

Comme pour le ruban adhésif, utilisez des couleurs de manchon adaptés à la nature du conducteur.

Une intervention assez fréquente concerne l'installation de nouvelles prises dans une cuisine suite à l'installation d'un nouvel appareil ménager, par exemple. Afin de respecter la norme, ces équipements nécessitent un circuit d'alimentation dédié (direct depuis le tableau et sans aucune reprise). Il est donc souvent nécessaire de tirer une nouvelle ligne ce qui peut représenter des travaux importants, notamment si le tableau électrique est éloigné.

Une solution consiste à se reprendre sur une prise ou une sortie de fil en 32 A (figure 21), mais uniquement si elle n'est pas utilisée (utilisation du gaz pour la cuisson, par exemple).

Cet équipement est alimenté par des conducteurs en 6 mm², il est donc possible de se reprendre dessus pour alimenter des circuits comme des prises de courant avec des

Étape 1 : reprise de la ligne

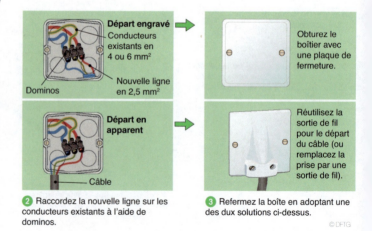

Départ engravé
Conducteurs existants en 4 ou 6 mm²

Nouvelle ligne en 2,5 mm²

Dominos

Départ en apparent

Câble

Obturez le boîtier avec une plaque de fermeture.

Réutilisez la sortie de fil pour le départ du câble (ou remplacez la prise par une sortie de fil).

❶ Coupez le courant.
Déposez la prise ou la sortie de fil.

❷ Raccordez la nouvelle ligne sur les conducteurs existants à l'aide de dominos.

❸ Refermez la boîte en adoptant une des dux solutions ci-dessus.

© DFTG

······ *Figure 21* : La reprise d'une ligne sur une prise 32 A...

Étape 2 : remplacement du dispositif de protection

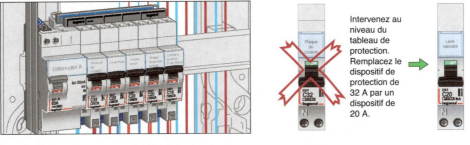

Intervenez au niveau du tableau de protection. Remplacez le dispositif de protection de 32 A par un dispositif de 20 A.

Avec la ligne reprise, vous pouvez alimenter...

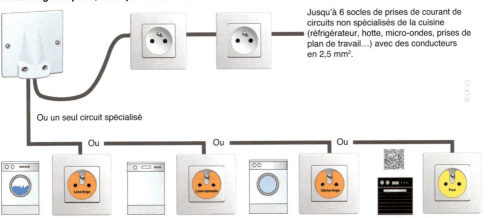

Jusqu'à 6 socles de prises de courant de circuits non spécialisés de la cuisine (réfrigérateur, hotte, micro-ondes, prises de plan de travail...) avec des conducteurs en 2,5 mm².

Ou un seul circuit spécialisé

... Figure 21 : La reprise d'une ligne sur une prise 32 A

conducteurs de section inférieure, moyennant quelques adaptations.

En revanche, on ne doit jamais se reprendre sur des conducteurs de section inférieure : du 2,5 mm², par exemple sur un circuit en 1,5 mm².

Avec une boîte de sortie de fil 32 A, vous pouvez vous reprendre avec des dominos sur les fils existants, puis repartir avec la nouvelle ligne en encastré ou en apparent. Vous pouvez, comme dans les exemples précédents, percer en biais pour rentrer un câble directement dans le boîtier. La boîte servira ainsi de boîte de connexion.

Si la boîte est équipée d'une prise 32 A, supprimez-la et remplacez-la par une sortie de fil ou une plaque d'obturation adaptée.

Il est ensuite indispensable de remplacer la protection de ce circuit dans le tableau de protection. La protection 32 A doit être remplacée par un disjoncteur divisionnaire de 20 A au maximum.

Pour respecter la norme, le nouveau circuit en 2,5 mm² pourra alimenter un seul appareil ménager nécessitant un circuit spécialisé comme un lave-linge, un lave-vaisselle, un sèche-linge ou un four... ou plusieurs prises de courant dans la cuisine. La norme exige un circuit spécifique pour la cuisine alimentant au maximum 6 prises de courant.

Ces prises seront dédiées à des appareils qui ne nécessitent pas un circuit spécialisé (réfrigérateur, four micro-ondes, hotte aspirante…) et à des prises situées au-dessus du plan de travail pour le petit électroménager. Mais il possible de passer des circuits supplémentaires pour plus de prises de courant.

Il existe de nombreux systèmes de connecteurs pour les conducteurs électriques. Ils sont indispensables dans de nombreux cas, pour se reprendre sur un circuit existant, alimenter plusieurs dérivations, rallonger un circuit…

Le système le plus classique est le domino (figure 22). Il permet, grâce à deux vis, de serrer l'âme des conducteurs électriques. Leur inconvénient est qu'ils sont relativement volumineux et prennent souvent trop de place dans une boîte de connexion ou derrière un appareillage. Si ce système paraît simple à installer, il est nécessaire de le raccorder correctement. Les conducteurs doivent être serrés par les deux vis. Aucune partie sous tension ne doit être accessible (ne dénudez que la partie utile et placez l'isolant en contact de la partie métallique).

Le domino permet de raccorder des fils souples ou rigides. Choisissez un modèle adapté au nombre de conducteurs à raccorder. Trop gros, les fils seront mal serrés, trop petits, vous aurez du mal à introduire les conducteurs.

Serrez les vis fermement, mais pas à outrance, vous risquez de cisailler l'âme en cuivre.

L'autre famille de dispositifs de connexion est celle des connecteurs automatiques. Il en existe trois types différents : pour les fils rigides, pour les fils souples et rigides et les modèles propres aux luminaires.

Les connecteurs sont adaptés à plusieurs diamètres de conducteurs (par exemple de 0,5 à 2,5 mm²) et possèdent autant d'alvéoles que de conducteurs à raccorder : de 2 à 5 pour les plus courants. Ils sont donc assez polyvalents. Leur principal avantage est

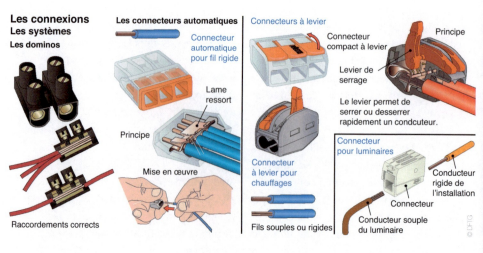

Les connexions
Les systèmes
Les dominos

Raccordements corrects

Les connecteurs automatiques

Connecteur automatique pour fil rigide

Lame ressort

Principe

Mise en œuvre

Connecteur à levier pour chauffages

Fils souples ou rigides

Connecteurs à levier

Connecteur compact à levier

Principe

Levier de serrage

Le levier permet de serrer ou desserrer rapidement un condcuteur.

Connecteur pour luminaires

Conducteur rigide de l'installation

Connecteur

Conducteur souple du luminaire

Figure 22 : Les connexions...

Les connexions possibles

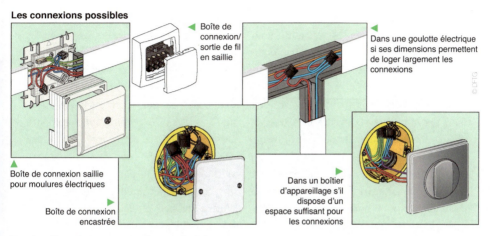

Boîte de connexion/
sortie de fil
en saillie

Dans une goulotte électrique
si ses dimensions permettent
de loger largement les
connexions

Boîte de connexion saillie
pour moulures électriques

Boîte de connexion
encastrée

Dans un boîtier
d'appareillage s'il
dispose d'un
espace suffisant pour
les connexions

Reprise d'une ligne sur une prise surchargée

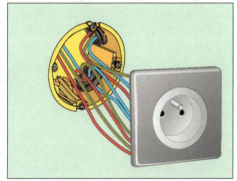

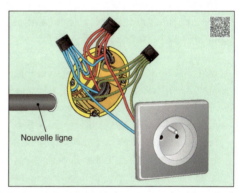

Nouvelle ligne

En cas de prise surchargée, utilisez des connecteurs automatiques pour la reprise de la ligne et l'alimentation de la prise.

... Figure 22 : Les connexions ⟵·····

leur encombrement réduit. Sur le connecteur est gravée la longueur de dénudage pour le conducteur. Il suffit de le pousser dans l'alvéole pour assurer la connexion (attention, on ne doit placer qu'un conducteur par alvéole). Une lame de ressort bloque l'âme en cuivre, en appuyant sur la partie conductrice. Le fil ne peut pas se retirer simplement en tirant dessus, le contact est correct, sans risque de cisaillement et de coupure du fil. Le montage est démontable soit en tirant et en faisant tourner le fil, soit par un dispositif qui vient appuyer sur la lame du ressort. Certains modèles disposent d'un point de test qui permet l'introduire la pointe d'un cordon de testeur électrique pour procéder à des mesures sans démonter la borne.

Les modèles pour fils souples ou rigides possèdent un levier de serrage. En effet, il ne serait pas possible d'insérer un fil souple dans un système à simple lame de ressort. Une fois le conducteur dénudé à la bonne longueur, relevez le levier du connecteur, introduisez le fil dans l'alvéole, puis rabattez le levier. Ces connecteurs peuvent être un peu plus volumineux que ceux pour fil rigide, mais le démontage est beaucoup plus aisé. Il en existe de nombreuses variantes, dont des modèles avec un serrage renforcé pour le raccordement des appareils de chauffage électrique.

Un modèle spécifique est dédié au raccordement des luminaires. D'un côté, il est pourvu d'un connecteur automatique pour fil rigide (fils de l'installation), et de l'autre côté d'un connecteur pour fil souple (raccordement du luminaire). Ainsi lors du remplacement du luminaire, on ne sollicite pas le raccordement du fil de l'installation. Pour introduire le fil souple, il suffit d'appuyer sur le capot de la borne, d'introduire le fil souple de l'alvéole, puis de relâcher la pression.

Les connexions électriques sont possibles dans divers endroits. Le plus classique consiste à utiliser des boîtes prévues à cet effet qui peuvent être en saillie pour une pose libre, ou adaptées à un système de moulures, ou encore encastrées. Dans ce dernier cas, il s'agit de boîtes d'encastrement classiques pour l'appareillage ou de plus grandes dimensions, selon le nombre de circuits à raccorder. La fermeture se fait alors à l'aide d'une plaque plane fixée par vis.

Attention, les boîtes de connexion doivent toujours rester accessibles pour en cas d'intervention. Par exemple, un papier peint ne doit pas les recouvrir. Évitez également les endroits où elles ne seront plus accessibles, par exemple dans un faux-plafond non démontable avant sa construction.

Cependant, ces boîtes sont rarement esthétique, surtout à certains emplacements. C'est pourquoi, la norme prévoit d'autres solutions. Vous pouvez placer des dispositifs de connexion dans une moulure ou une goulotte électrique, uniquement si les dimensions permettent de loger largement les connecteurs.

L'autre solution très fréquemment utilisée consiste à placer des dispositifs de connexion dans les boîtiers de l'appareillage. La place est généralement suffisante, sauf si les appareillages prennent beaucoup de place, comme les variateurs de lumière.

En rénovation, lors de la reprise d'une ligne sur une prise existante, il est possible que les connecteurs de la prise soient déjà surchargés. Les prises récentes à connecteurs automatiques disposent rarement de plus de deux alvéoles par plots. Les anciennes en offraient parfois jusqu'à trois. Pour reprendre un nouveau circuit, il est alors nécessaire d'utiliser des connecteurs pour relier les anciens circuits, celui de reprise et l'alimentation de la prise.

4 Les circuits d'éclairage

Les circuits d'éclairage sont réalisés avec des conducteurs de 1,5 mm². Ils doivent être protégés au niveau du tableau de distribution par un fusible de 10 A ou un disjoncteur divisionnaire de 16 A. Chaque circuit ne doit pas comporter plus de 8 points d'éclairage. En cas de spots encastrés, on compte un point d'éclairage pour une puissance de 300 VA dans une même pièce. Un circuit d'éclairage dispose obligatoirement d'un dispositif de coupure (commutateur ou variateur avec coupure).

Le circuit d'éclairage le plus simple et le plus utilisé est le simple allumage (figure 23). Le point lumineux est commandé par un seul commutateur (interrupteur). Le neutre et la terre (si elle existe) sont reliés directement au point lumineux, la phase transite par l'interrupteur, puis repart vers le luminaire. Un interrupteur simple possède deux plots : l'un marqué P ou L signale le raccordement de la phase, l'autre souvent marqué I signale le conducteur de retour vers le point lumineux. Ce conducteur est appelé retour lampe. On utilise souvent une couleur différente de celle du conducteur de phase pour un meilleur repérage (orange, violet, marron…). Quand l'interrupteur est posé contre le mur,

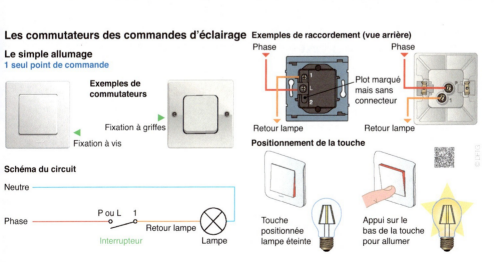

Les commutateurs des commandes d'éclairage

Le simple allumage
1 seul point de commande

Exemples de commutateurs

Fixation à griffes
Fixation à vis

Schéma du circuit

Neutre

Phase — P ou L 1 — Retour lampe — Lampe
Interrupteur

Exemples de raccordement (vue arrière)

Phase — Phase
Plot marqué mais sans connecteur
Retour lampe — Retour lampe

Positionnement de la touche

Touche positionnée lampe éteinte
Appui sur le bas de la touche pour allumer

©DHG

----≫ *Figure 23* : Les commutateurs des circuits d'éclairage...

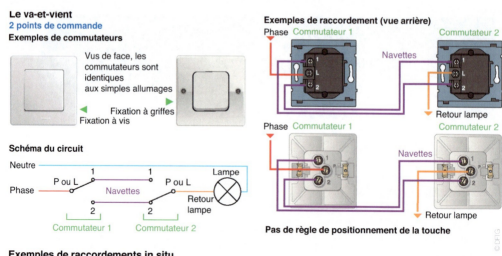

Le va-et-vient
2 points de commande
Exemples de commutateurs

Vus de face, les commutateurs sont identiques aux simples allumages

◄ Fixation à griffes
Fixation à vis

Schéma du circuit

Neutre

P ou L   Navettes   P ou L   Lampe

Phase

Retour lampe

Commutateur 1   Commutateur 2

Exemples de raccordement (vue arrière)

Phase   Commutateur 1   Commutateur 2

Navettes

Retour lampe

Phase   Commutateur 1   Commutateur 2

Navettes

Retour lampe

Pas de règle de positionnement de la touche

© DFIG

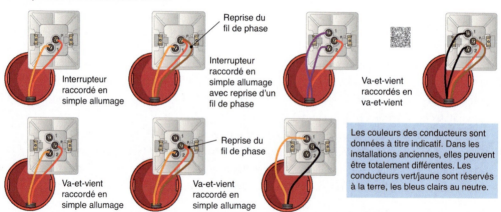

Exemples de raccordements in situ

Reprise du fil de phase

Interrupteur raccordé en simple allumage

Interrupteur raccordé en simple allumage avec reprise d'un fil de phase

Va-et-vient raccordés en va-et-vient

Va-et-vient raccordé en simple allumage

Reprise du fil de phase

Va-et-vient raccordé en simple allumage

Les couleurs des conducteurs sont données à titre indicatif. Dans les installations anciennes, elles peuvent être totalement différentes. Les conducteurs vert/jaune sont réservés à la terre, les bleus clairs au neutre.

... *Figure 23* : Les commutateurs des circuits d'éclairage ⬅···

par convention et côté pratique, la touche de manœuvre doit permettre l'allumage en appuyant sur le bas et l'extinction en appuyant sur le haut.

Le deuxième circuit d'éclairage le plus courant est le va-et-vient. Le point lumineux est commandé par deux commutateurs (les va-et-vient). Cette solution est très utilisée pour les pièces à deux entrées, les couloirs ou dégagements, les escaliers… Les commutateurs disposent cette fois de

trois plots de raccordement : P, 1 et 2. Le neutre et la terre sont toujours reliés directement au point lumineux, la phase transite par l'un des commutateurs, repart grâce à deux conducteurs vers le second appareillage, puis vers le point lumineux avec le retour lampe. Les deux commutateurs sont reliés entre-eux par ces deux fils appelés les navettes. On les choisit d'une même couleur pour faciliter leur repérage. Leur sens de raccordement n'a pas d'importance. Sur le premier commutateur, la

phase est raccordée sur le plot P, les navettes sur les plots 1 et 2. Sur le second commutateur, les deux navettes sont raccordées sur les plots 1 et 2 et le retour lampe sur le plots P.
La position de la touche ne peut pas être respectée car il y a inversion à chaque manœuvre. Chaque commutateur peut allumer ou éteindre le point lumineux.
Certains circuits anciens de va-et-vient sont raccordés différemment, mais c'est très rare.

Les couleurs des conducteurs choisies sur les schémas sont indicatives. Si vous intervenez sur une installation ancienne, elles peuvent être différentes.

Un circuit de simple allumage peut être commandé par un commutateur de va-et-vient. Dans ce cas seuls les plots P et 1 ou 2 sont utilisés. Le contraire n'est pas possible. Quelques exemples de raccordements sont présentés dans la figure afin de vous aider à reconnaître les fonctions. Il est donc judicieux de disposer de commutateurs en va-et-vient qui peuvent remplir les deux fonctions plutôt que des simples allumages et des va-et-vient, la différence de prix étant minime.
Il ne faut pas confondre va-et-vient et double allumage. Ce dernier permet de commander deux points d'éclairage avec un commutateur à deux touches. Il dispose de 4 plots 2 marqués P ou L et deux autres marqués 1.

Ces commandes d'éclairage peuvent également servir à commander une prise de courant. Un circuit de ce type ne doit pas commander plus de deux prises de courant et est considéré comme un circuit lumière (conducteurs en 1,5 mm² et protection par un disjoncteur divisionnaire de 16 A maximum). Il existe encore d'autres solutions pour

commander des éclairages, comme les variateurs, les systèmes de télérupteur…
Un variateur peut remplacer un simple allumage. Il se raccorde de la même manière avec le conducteur de phase et le retour lampe raccordé sur la sortie variation. Il peut allumer, éteindre et faire varier l'intensité. Certains modèles peuvent être raccordés en va-et-vient. Selon les modèles, ils sont associés à un commutateur de va-et-vient classique qui permet uniquement l'allumage et l'extinction. Associés à un ou plusieurs boutons poussoirs, ils permettent aussi la commande et la variation.

En cas de panne d'un circuit commandé par un variateur, il est nécessaire de le démonter et de vérifier que le petit fusible en verre qu'il intègre est en bon état.

L'ajout d'un point de commande avec la méthode filaire

Il est toujours possible d'ajouter un point de commande supplémentaire sur un circuit d'éclairage existant. Suite à un aménagement, à l'installation de meubles ou à l'usage, on peut s'apercevoir que la commande existante ne suffit pas ou n'est pas pratique.

Plusieurs méthodes peuvent être choisies, certaines nécessitent plus de travail, d'autres sont plus rapides mais plus chères…
La méthode filaire nécessite de passer de nouveaux conducteurs pour alimenter la commande supplémentaire.
Dans le cas d'un circuit en simple allumage, il est possible de créer un point de commande supplémentaire avec un circuit en va-et-

vient (figure 24). Vous pouvez vous reprendre sur un appareillage encastré avec un câble apparent, comme pour une prise de courant, ou avec des conducteurs sous moulure pour un appareillage en saillie.

Avant toute intervention, coupez le courant au disjoncteur principal. Déposez l'interrupteur existant. Passez une nouvelle ligne avec trois conducteurs. Vous pouvez utiliser un câble à trois conducteurs (phase en marron, neutre en bleu et terre en vert/jaune). Identifiez les conducteurs avec du ruban adhésif d'électricien, avec la même couleur pour les navettes et une autre pour le retour lampe.

Posez votre nouvel appareillage à l'endroit souhaité (en saillie ou en encastré).

Raccordez un va-et-vient au niveau de ce nouveau point de commande. Remplacez l'interrupteur existant par un autre va-et-vient. Raccordez-y les navettes en provenance de la nouvelle commande, le retour lampe existant sur le plot P ou L. Raccordez l'autre conducteur (la phase) avec un connecteur avec le conducteur raccordé sur le plot L du nouveau va-et-vient. Vous pouvez également faire le contraire : raccorder la phase sur l'appareillage existant et le retour lampe avec le commun de la nouvelle commande.

Dans le cas d'un circuit de va-et-vient existant, il est également possible d'ajouter un point de commande supplémentaire. On utilise alors un commutateur spécifique : le

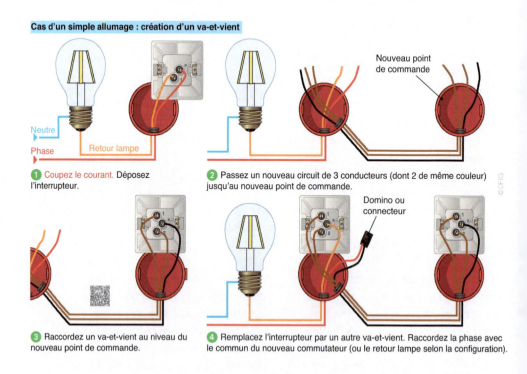

Cas d'un simple allumage : création d'un va-et-vient

Nouveau point de commande

Neutre

Phase   Retour lampe

❶ Coupez le courant. Déposez l'interrupteur.

❷ Passez un nouveau circuit de 3 conducteurs (dont 2 de même couleur) jusqu'au nouveau point de commande.

Domino ou connecteur

❸ Raccordez un va-et-vient au niveau du nouveau point de commande.

❹ Remplacez l'interrupteur par un autre va-et-vient. Raccordez la phase avec le commun du nouveau commutateur (ou le retour lampe selon la configuration).

©DFG

┈┈▶ *Figure 24* : Ajout d'un point de commande d'éclairage en méthode filaire...

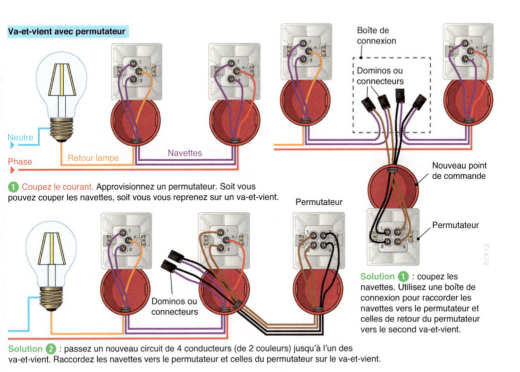

Va-et-vient avec permutateur

Neutre

Phase

Retour lampe

Navettes

Boîte de connexion

Dominos ou connecteurs

Nouveau point de commande

Permutateur

Permutateur

Dominos ou connecteurs

1 Coupez le courant. Approvisionnez un permutateur. Soit vous pouvez couper les navettes, soit vous vous reprenez sur un va-et-vient.

Solution 1 : coupez les navettes. Utilisez une boîte de connexion pour raccorder les navettes vers le permutateur et celles de retour du permutateur vers le second va-et-vient.

Solution 2 : passez un nouveau circuit de 4 conducteurs (de 2 couleurs) jusqu'à l'un des va-et-vient. Raccordez les navettes vers le permutateur et celles du permutateur sur le va-et-vient.

... *Figure 24* : Ajout d'un point de commande d'éclairage en méthode filaire ⋯

permutateur. Il agit en inversant les navettes. Il dispose donc de quatre plots : deux pour l'arrivée des navettes et deux autres pour le départ des navettes vers l'autre va-et-vient. Il est nécessaire de bien repérer et différencier les conducteurs d'arrivée et de départ. Ce type de commutateur n'existe pas pour toutes les séries d'appareillage.

Selon la configuration de l'installation, deux solutions sont possibles. En cas de passage du circuit dans des moulures, il est possible d'utiliser une boîte de connexion pour reprendre les navettes. Utilisez des connecteurs pour raccorder l'arrivée des navettes avec de nouveaux fils et les départs vers l'autre va-et-vient. Utilisez des couleurs diffé-

rents pour faciliter le repérage. Vous devrez donc passer quatre conducteurs jusqu'au permutateur.

La seconde solution consiste à se reprendre sur l'un ou l'autre des va-et-vient existants. Vous aurez comme précédemment besoin de quatre conducteurs de deux couleurs différentes. Déposez le va-et-vient le plus proche de l'emplacement de la nouvelle commande. Raccordez les navettes avec des connecteurs sur l'une des paires allant vers le permutateur, puis les deux autres sur le va-et-vient existant.

La solution filaire, si elle n'est pas très compliquée et peu chère nécessite néanmoins quelques travaux.

L'ajout de points de commande supplémentaires avec des micromodules radio

Les micromodules sont des systèmes électroniques communiquant entre eux par ondes radio. Le terme micro indique qu'ils sont de petite dimension, ce qui permet de les installer dans les boîtiers encastrés des commutateurs d'éclairage ainsi qu'au niveau du raccordement des luminaires. Ils simplifient énormément l'ajout de points de commande sur des circuits existants puisqu'ils nécessitent simplement l'installation d'un nouvel appareillage et de son boîtier sans avoir à passer de conducteurs électriques. On peut ajouter de nombreuses commandes supplémentaires pour un même circuit (selon les modèles), centraliser des commandes, intervenir sur de nombreux types de circuits (simple allumage, va-et-vient, minuteries, système de télérupteurs…), ajouter une fonction variation, les commander via une télécommande (pour des personnes à mobilité réduite, par exemple). Tous les fabricants ne proposent pas forcément toutes ces options. Ce point est à vérifier lors de l'achat.

Ils présentent néanmoins quelques inconvénients. Il est nécessaire d'installer un nouveau boîtier encastré pour chaque commande supplémentaire, si vous voulez conserver la même esthétique que les autres appareillages, excepté si vous optez pour une télécommande ou une commande extraplate du même fabricant qui nécessite uniquement une fixation par vis ou un adhésif double-face. Selon les configurations, certains modules sont alimentés par des piles. Elles peuvent souvent durer plusieurs années mais elles devront être remplacées pour que le circuit fonctionne de nouveau. Enfin dernier critère : le prix, ces modules sont encore assez chers. Les fabricants proposent des kits de base pour les circuits simples. On peut néanmoins ajouter des éléments supplémentaires au détail, si nécessaire. Il suffira de les programmer pour les rendre compatibles avec les autres modules. L'installation sera beaucoup plus rapide qu'une solution filaire. L'ajout de commandes supplémentaires peut être limité mais il est généralement grandement suffisant.

Les paragraphes qui suivent présentent quelques exemples de solutions. Elles peuvent être légèrement différentes selon les fabricants, mais le principe est généralement assez similaire. Reportez-vous toujours à la notice fournie avec le matériel. Il en va de même pour la programmation des modules qui est propre à chaque fabricant. Il serait impossible d'expliquer chaque cas.

Pour ajouter un point de commande supplémentaire sur un circuit de simple allumage, deux solutions sont possibles, selon les conducteurs en présence, dans le boîtier de l'appareillage existant : avec ou sans conducteur de neutre. C'est donc la première chose à vérifier en déposant l'ancien commutateur existant.

La solution présentée est celle du nouveau boîtier encastré (boîtier multimatériau pour une installation simplifiée). La première étape consiste donc à installer ce boîtier et à se munir d'un interrupteur de la même série que ceux existants. Comme indiqué précédemment, vous pouvez également utiliser une commande extraplate du fabricant qui ne nécessite pas la pose d'un boîtier. Selon les modèles, il est possible d'utiliser des boutons-poussoirs à la place des interrupteurs. Ces indications préalables sont valables pour les deux configurations : avec ou sans neutre dans le boîtier.

» Cas du neutre présent dans le boîtier

Cette situation n'est pas très courante. Le plus souvent le conducteur de neutre ne transite pas par le boîtier mais va directement au point lumineux. Si vous êtes confronté à cette configuration, l'installation est plus simple. Utilisez un kit pour simple allumage avec neutre qui comprend un micromodule émetteur radio à piles et un module récepteur radio (qui lui ne nécessite pas de pile). Au niveau du nouveau point de commande

(figure 25), raccordez le nouvel interrupteur sur le micromodule émetteur à l'aide de deux fils sur les plots prévus à cet effet (voir notice). Placez le micromodule dans le boîtier, mais ne remontez pas l'interrupteur avant la programmation.
Coupez le courant, puis déconnectez les conducteurs dans le boîtier de l'interrupteur existant.

Raccordez le micromodule récepteur sur la phase et le neutre, ainsi que l'alimentation du point lumineux avec neutre et retour lampe. Raccordez l'interrupteur existant avec deux fils au micromodule au niveau des plots prévus à cet effet. Installez le micromodule récepteur dans le fond du boîtier.
Remettez le courant, puis procédez à l'association des deux modules selon les indi-

Cas n°1 : fil de neutre présent dans le boîtier de l'interrupteur

Exemple de circuit

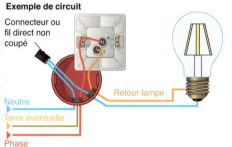

Connecteur ou fil direct non coupé

Retour lampe

Neutre
Terre éventuelle
Phase

Matériel nécessaire

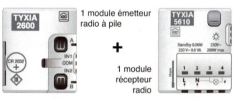

1 module émetteur radio à pile

+

1 module récepteur radio

Vous avez besoin d'un kit radio comprenant un micromodule émetteur et un micromodule récepteur.

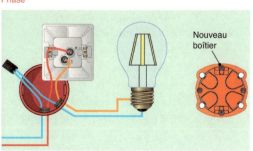

Nouveau boîtier

❶ Encastrez un nouveau boîtier pour le second point de commande. Coupez le courant.

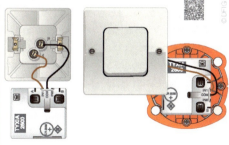
❷ Raccordez l'émetteur sur le nouvel interrupteur (COM sur P et IN1 sur 1). Placez le module dans le fond du boîtier.

⤑ *Figure 25* : L'ajout d'un point de commande supplémentaire avec neutre dans le boîtier...

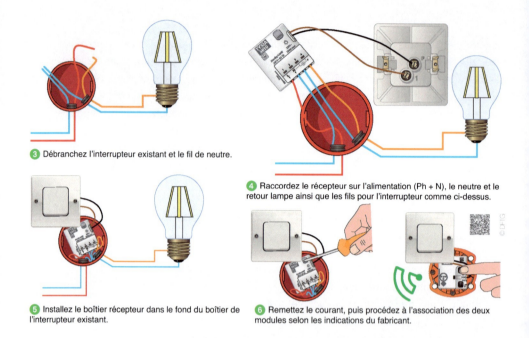

③ Débranchez l'interrupteur existant et le fil de neutre.

④ Raccordez le récepteur sur l'alimentation (Ph + N), le neutre et le retour lampe ainsi que les fils pour l'interrupteur comme ci-dessus.

⑤ Installez le boîtier récepteur dans le fond du boîtier de l'interrupteur existant.

⑥ Remettez le courant, puis procédez à l'association des deux modules selon les indications du fabricant.

... *Figure 25* : L'ajout d'un point de commande supplémentaire avec neutre dans le boîtier ⇐...

cations de la notice. Pour finir, refixez les commutateurs dans leurs boîtiers et vérifiez le bon fonctionnement. Chacun des deux interrupteurs commande dorénavant le point lumineux.

» Cas du neutre absent dans le boîtier

Il s'agit ici de la configuration la plus courante. Vous n'avez pas accès au conducteur de neutre et vous ne pouvez donc pas alimenter directement le module récepteur.

Pour ajouter un point de commande supplémentaire, vous aurez besoin d'un kit comprenant deux micromodules émetteurs à piles et un micromodule récepteur (figure 26).

Coupez le courant au niveau du disjoncteur d'abonné. Déposez l'interrupteur existant. Connectez la phase et le retour lampe ensemble avec un domino ou un connecteur.

Le circuit crée une alimentation directe du point lumineux.

Dans chaque boîtier d'interrupteur, placez un micromodule émetteur à piles.

Raccordez l'interrupteur à l'aide de deux conducteurs aux plots dédiés du micromodule. Installez les micromodules dans le fond des boîtiers.

Le micromodule récepteur doit être installé dans l'alimentation du point lumineux. Pour les installations récentes, il trouvera sa place dans la boîte de centre entre l'alimentation et la prise DCL (dispositif de connexion de luminaire) ou entre l'alimentation et le câble du luminaire pour une boîte sans DCL.

Dans le cas d'installations plus anciennes avec une gaine qui sort directement du plafond, placez le micromodule dans le cache-fil du lustre.

Le problème sera peut être plus compliqué avec des spots sur patère, le micromodule

Cas n°2 : fil de neutre absent dans le boîtier de l'interrupteur

Exemple de circuit

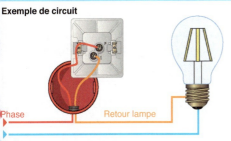

Phase

Retour lampe

Neutre

Matériel nécessaire

2 modules émetteurs radio à pile

Module récepteur radio

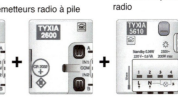

Vous avez besoin d'un kit radio comprenant deux micromodules émetteurs et un micromodule récepteur.

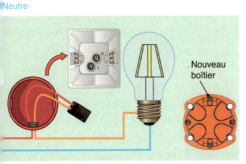

Nouveau boîtier

1 Posez un nouveau boîtier pour le second point de commande. Coupez le courant. Débranchez l'interrupteur. Reliez la phase et le retour lampe avec un domino ou un connecteur.

2 Raccordez un émetteur sur le nouvel interrupteur (COM sur P et IN1 sur 1). Placez le module dans le fond du boîtier.

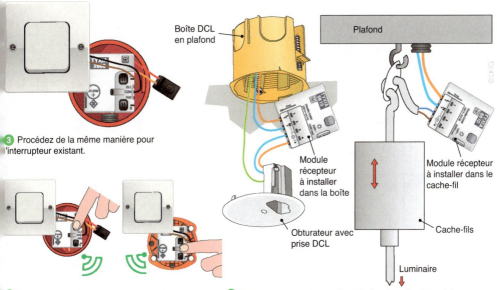

Boîte DCL en plafond

Plafond

3 Procédez de la même manière pour l'interrupteur existant.

Module récepteur à installer dans la boîte

Module récepteur à installer dans le cache-fil

Obturateur avec prise DCL

Cache-fils

Luminaire

5 Remettez le courant, puis associez les trois modules selon les indications du fabricant.

4 Selon la configuration de l'installation, installez le module récepteur dans la boîte de centre ou au niveau de l'alimentation du luminaire. Dans ce cas, le module est dissimulé dans le cache-fil.

> *Figure 26* : L'ajout d'un point de commande supplémentaire avec absence de neutre

devra être placé dans la patère. Pour des spots encastrés en 230 V, vous devrez retrouver l'alimentation du premier spot. Avec des spots en TBTS (très basse tension de sécurité : 12 V en alternatif), vous devrez placer le module avant le transformateur alimentant les spots. Remettez le courant, puis procédez à l'association des deux modules selon les indications de la notice. Pour finir, refixez les commutateurs dans leurs boîtiers et vérifiez le bon fonctionnement. Chacun des deux interrupteurs commande désormais le point lumineux.

» Cas d'un va-et-vient

La solution avec micromodules radio est également adaptable à un circuit de va-et-vient pour ajouter un ou plusieurs points de commande. Vous aurez donc besoin (au minimum pour un point supplémentaire)

de trois micromodules radio émetteurs et d'un micromodule récepteur (figure 27). Après avoir posé le nouveau boîtier, coupez le courant, puis déposez les commutateurs existants. Dans le boîtier où se trouve le fil de phase, raccordez ce dernier directement avec l'une des navettes (ou les deux si vous ne pouvez pas les différencier). Dans l'autre boîtier, raccordez le retour lampe avec la même navette (ou avec les deux). Le point lumineux sera donc alimenté en direct, comme dans le cas de l'installation sans neutre. Placez un micromodule émetteur dans chaque boîtier de commutateur. Raccordez les va-et-vient sur les émetteurs à l'aide de deux conducteurs. Choisissez le commun (P ou L) et l'un des deux contacts. Vous pouvez également remplacer tous les commutateurs par des boutons-poussoirs.

Comme précédemment, le micromodule récepteur doit être installé au niveau de

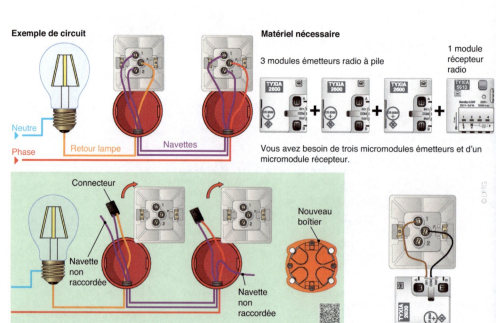

Figure 27 : L'ajout d'un point de commande supplémentaire sur un circuit de va-et-vient...

1 Posez un nouveau boîtier pour le troisième point de commande. Coupez le courant. Débranchez les commutateurs. Utilisez l'une des navettes pour la relier à la phase d'un côté et au retour lampe de l'autre (point lumineux alimenté en continu).

2 Raccordez un émetteur sur chaque commutateur de va-et-vient.

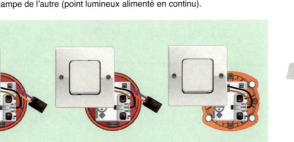

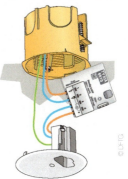

3 Installez les micromodules émetteurs dans les boîtiers.

4 Raccordez le module récepteur au niveau du luminaire.

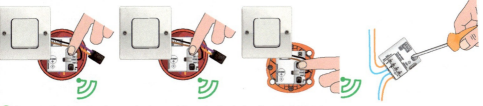

5 Remettez le courant, puis associez les modules selon les instructions du fabricant.

... Figure 27 : L'ajout d'un point de commande supplémentaire sur un circuit de va-et-vient *...*

l'alimentation du point lumineux. Pour des installations récentes, il trouvera sa place dans la boîte de centre entre l'alimentation et la prise DCL (dispositif de connexion de luminaire) ou entre l'alimentation et le câble du luminaire pour une boîte sans DCL.

Dans le cas d'installations plus anciennes avec une gaine qui sort directement du plafond, placez le micromodule dans le cache-fil du lustre.

Remettez le courant, puis procédez à l'association de tous les modules selon les indications de la notice. Pour finir, refixez les commutateurs dans leurs boîtiers et vérifiez le bon fonctionnement. Chacun des commutateurs commande désormais le point lumineux. Avec ces systèmes, il est aussi possible d'utiliser une télécommande en tant qu'émetteur.

» La commande de lampes d'appoint

Il est également possible de commander des lampes d'appoint (lampes de chevet, lampes à poser, lampadaires…) avec un système à commande radio, sans gros travaux. Elle revient au principe d'un circuit de prises commandées mais sans nécessité de modifier l'installation existante (avec prises directes).

La solution présentée ici est un choix parmi d'autres. Elle repose sur un kit comprenant un émetteur mural à piles à deux zones de commande et deux interrupteurs de fil souple récepteurs radio (figure 28).

La commande proposée dans le kit ne nécessite pas l'installation d'un boîtier. Il suffit de

Exemple de circuit

Le système permet de centraliser la commande indépendante de deux lampes d'appoint sans intervention sur l'installation.

Principe

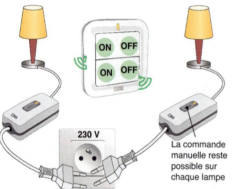

La commande manuelle reste possible sur chaque lampe

L'émetteur mural dispose de deux touches permettant de commander chaque lampe.

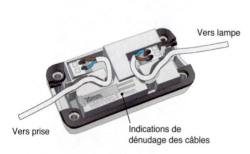

Vers lampe

Vers prise   Indications de dénudage des câbles

② Raccordez le récepteur interrupteur de fil souple selon les instructions du fabricant.

Matériel nécessaire

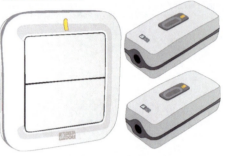

Le kit comprend un émetteur mural extraplat à coller ou visser sur n'importe quel support (sauf métal) et deux récepteurs (interrupteurs pour fil souple) en remplacement de ceux existants.

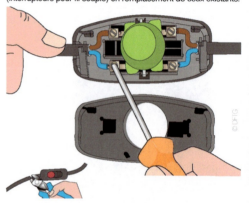

① Débranchez les deux lampes. Démontez l'interrupteur fil souple existant (ou coupez les fils s'il n'est pas démontable).

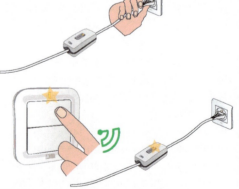

③ Rebranchez les deux lampes. Associez les éléments selon les instructions du fabricant.

········> *Figure 28* : La commande de lampes d'appoint avec un système radio

la coller avec du double face contre le mur, ou d'utiliser des vis et des chevilles. Elle offre deux touches de commande. L'appui d'un côté de la touche allume la lampe commandée, l'appui de l'autre côté l'éteint.

Hors du kit, vous pouvez commander ces récepteurs pour fil souple avec une télécommande ou associer plus de récepteurs. Associés à d'autres systèmes domotiques, ces récepteurs peuvent être utilisés pour faire de la simulation de présence ou connaître l'état de la lampe à distance…
Il faut installer les récepteurs à la place des interrupteurs des lampes à commander. Débranchez la lampe, démontez l'interrupteur existant, puis raccordez le récepteur radio à la place. Les instructions de dénudage sont indiquées dans l'appareil.

Si l'interrupteur existant est d'un modèle moulé, vous devez couper le câble de part et d'autre et dénuder les deux conducteurs.
La commande manuelle reste possible grâce au bouton situé sur le récepteur.
Rebranchez les lampes sur leur prise, puis procédez à l'association avec le module émetteur selon les indications de la notice du fabri-

cant. Vous pouvez associer plusieurs récepteurs sur chaque touche pour commander plusieurs lampes.
Tous ces systèmes radios sont souvent compatibles avec des installations domotiques.

L'ajout de points de commande avec des appareillages radio

L'appareillage radio reprend le même principe de commande que les micromodules, à la différence que les interfaces radio sont intégrées dans les appareillages. Il n'y a plus de différence de raccordement selon la présence ou l'absence de neutre. En revanche, il peut être nécessaire de choisir une nouvelle gamme d'appareillage car les modules radio correspondent aux modèles classiques du fabricant. Les appareillages communiquent entre eux par ondes radio, protocole Zigbee sur la bande des 2,4 GHz.
Des kits sont proposés en diverses versions d'appareillage. Le kit comprend au minimum un interrupteur filaire récepteur radio à option variateur, un ou plusieurs émetteurs et un compensateur (figure 29). Le compen-

Exemple de circuit

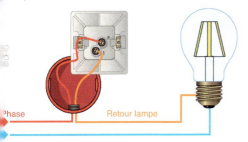

Phase   Retour lampe

Neutre

Le système convient pour un circuit de simple allumage ou de va-et-vient.

Matériel nécessaire

Émetteurs extraplats (fixation par vis ou double face)

Interrupteur récepteur

Compensateur

Enjoliveurs

Matériel nécessaire : un kit avec un interrupteur récepteur, un compensateur et un ou plusieurs émetteurs extraplats.

Figure 29 : L'ajout d'une commande supplémentaire avec appareillage radio...

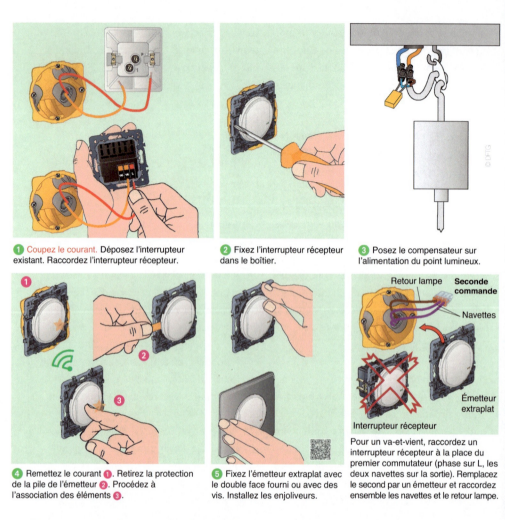

1 Coupez le courant. Déposez l'interrupteur existant. Raccordez l'interrupteur récepteur.

2 Fixez l'interrupteur récepteur dans le boîtier.

3 Posez le compensateur sur l'alimentation du point lumineux.

Retour lampe **Seconde commande**

Navettes

Émetteur extraplat

Interrupteur récepteur

4 Remettez le courant **1**. Retirez la protection de la pile de l'émetteur **2**. Procédez à l'association des éléments **3**.

5 Fixez l'émetteur extraplat avec le double face fourni ou avec des vis. Installez les enjoliveurs.

Pour un va-et-vient, raccordez un interrupteur récepteur à la place du premier commutateur (phase sur L, les deux navettes sur la sortie). Remplacez le second par un émetteur et raccordez ensemble les navettes et le retour lampe.

... Figure 29 : L'ajout d'une commande supplémentaire avec appareillage radio ⇠⋯

sateur permet le bon fonctionnement du système en l'absence de neutre. Il se raccorde au niveau du point lumineux. S'il y a plusieurs points lumineux sur un même circuit, un seul compensateur suffit.

L'avantage de ce système est qu'il suffit d'installer l'interrupteur récepteur à la place de l'ancien interrupteur et de placer des émetteurs supplémentaires sans travaux. En effet, les émetteurs, bien qu'ayant la même esthétique que l'interrupteur filaire sont des modèles extraplats. Il suffit de les coller au mur avec le double face fourni, ou de les fixer avec des vis et chevilles. Il n'est pas nécessaire de poser un nouveau boîtier. L'émetteur peut même être posé sur un meuble, par exemple. Il est alimenté par une pile bouton (3 V) longue durée fournie. L'autonomie annoncée par le fabricant est de 8 ans.

L'association des modules du kit est très rapide car les appareillages sont préprogrammés pour fonctionner ensemble. En revanche, on ne peut pas faire fonctionner deux kits ensemble pour une même commande, il faut vous munir d'éléments supplémentaires vendus au détail. Ces derniers pourront être configurés pour fonctionner avec le kit de départ.

Il est très simple d'installer un point de commande supplémentaire (ou plusieurs) sur un circuit en simple allumage.
Coupez le courant au niveau du disjoncteur d'abonné. Déposez l'interrupteur existant. Raccordez les deux conducteurs sur le récepteur radio filaire : la phase sur le plot L et le retour lampe sur un plot variation.
Fixez la nouvelle commande sur le boîtier.
Raccordez le compensateur au niveau de l'alimentation du luminaire entre la phase et le retour lampe. Remettez le courant. Retirez la protection de la pile de l'émetteur radio, puis associez les éléments en vous référant à la notice du fabricant. Une fois l'association établie, vous pouvez fixer l'émetteur ultraplat où vous le désirez. Évitez les surfaces métalliques. Posez les enjoliveurs, puis faites des essais.

Pour ajouter un point de commande sur un circuit de va-et-vient, vous devez utiliser un interrupteur filaire récepteur et deux émetteurs extraplats. Coupez le courant, puis déposez l'un des commutateurs existants. Remplacez-le par l'interrupteur récepteur radio. Raccordez la phase sur le plot L et les deux navettes ensemble sur le plots de sortie. Déposez le second commutateur et reliez ensemble avec un connecteur automatique ou un domino le retour lampe et les deux navettes. Fixez un émetteur extraplat sur le boîtier. Si vous ne distinguez pas la phase et le retour lampe, ça n'a pas d'importance. Il suffit de respecter le branchement. En fait, on recrée un circuit de simple allumage, puisqu'on ne peut utiliser qu'un seul interrupteur récepteur pour un même circuit. Placez ensuite le second émetteur à l'emplacement désiré. N'oubliez pas le compensateur au niveau du point d'éclairage. Remettez le courant, puis associez les éléments.

L'appareillage radio permet également de commander une prise de courant (figure 30). Il peut s'agir d'une prise de courant clas-

Exemple de circuit

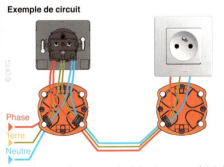

Phase
Terre
Neutre

Le système convient pour un circuit de prises non spécialisées ou un circuit de prise commandée existante.

Matériel nécessaire

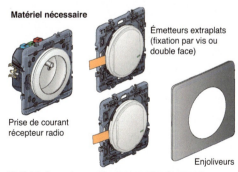

Émetteurs extraplats (fixation par vis ou double face)

Prise de courant récepteur radio

Enjoliveurs

Matériel nécessaire : un kit avec une prise de courant récepteur et un ou plusieurs émetteurs extraplats.

┈┈> *Figure 30* : La création d'un circuit de prise commandée avec de l'appareillage radio...

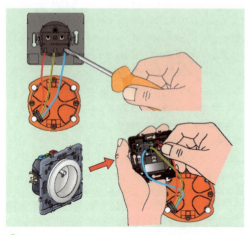

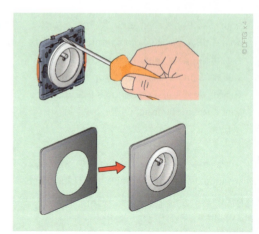

1 Coupez le courant. Déposez la prise à commander. Raccordez la prise récepteur à la place.

2 Fixez la prise récepteur dans le boîtier. Posez l'enjoliveur.

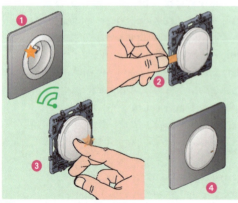

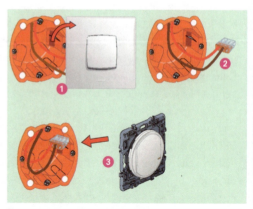

4 Remettez le courant **1**. Retirez la protection de la pile de l'émetteur **2**. Procédez à l'association des éléments **3**. Posez le ou les émetteurs **4**.

Pour une prise commandée existante, coupez le courant, puis déposez l'interrupteur **1**. Raccordez les deux conducteurs entre eux **2**. Posez un émetteur sur le boîtier **3**.

... Figure 30 : La création d'un circuit de prise commandée avec de l'appareillage radio ‹...

sique sur un circuit non spécialisé, éventuellement reprise, avec d'autres prises, ou une prise commandée par un interrupteur pour laquelle on désire ajouter un point de commande supplémentaire. Il existe des systèmes radio qui nécessitent d'installer un récepteur sur la prise, sur lequel on branche l'appareil à commander. Cependant, il est à noter que ces modules ne sont pas forcément

esthétiques et qu'ils prennent de la place. Le fabricant Legrand propose dans ses gammes d'appareillages des prises de courant à récepteur radio (figure 30) avec la même esthétique que les prises classiques de la série.

Pour créer un tel circuit de prise commandée, il faut une prise de courant récepteur radio et un ou plusieurs émetteurs extraplats. Pour commander une prise classique sur un circuit, coupez le courant au niveau du disjoncteur d'abonné. Déposez la prise de courant existante. Raccordez la prise de courant récepteur. Elle est dotée de connecteurs automatiques. Il suffit de dénuder les conducteurs à la longueur indiquée sur l'appareillage et de les enfoncer dans les alvéoles correspondantes. Fixez la prise dans le boîtier (à l'aide des vis ou des griffes). Installez un ou plusieurs émetteurs extraplats. Remettez le courant, puis associez les éléments.

Ce système rend possible également l'ajout d'une commande pour une prise commandée existante. Rappelons qu'une prise commandée est associée à un interrupteur (ou un va-et-vient) qui commande sa mise sous tension et son arrêt. Pour passer ce système en commande radio, il est nécessaire de recréer une alimentation directe pour la prise. Coupez le courant, déposez la prise et remplacez-la par une prise récepteur radio. Déposez l'interrupteur de commande et reliez entre eux le conducteur de phase et le conducteur de commande à l'aide d'un domino ou d'un connecteur automatique. Posez un émetteur extraplat sur le boîtier, puis éventuellement un autre à l'endroit désiré. Remettez le courant, puis associez les éléments.

L'installation de ces appareillages à commande radio est très simple rapide et ne nécessite pas de gros travaux. Leur prix un peu élevé est donc largement compensé. Ils répondent à de nombreux cas de figure : commande des points lumineux, des prises, mais également des volets roulants électriques comme indiqué dans la section suivante.

L'autre grand intérêt de ces systèmes est qu'ils sont évolutifs, polyvalents et qu'ils permettent d'accéder simplement au principe de la maison connectée. Il peut être judicieux de remplacer des appareillages de circuits existants par ces appareillages (sans avoir forcément besoin d'ajouter des points de commandes supplémentaires) pour pouvoir les piloter à distance. Le système nécessite simplement une box Internet avec Wifi.

Le pack de départ proposé par le fabricant comprend une prise « control », une commande générale, un récepteur et un émetteur pour un circuit d'éclairage (figure 31).

La prise « control » est l'élément essentiel du kit. Il s'agit d'une prise récepteur radio montée sur un plastron extraplat avec une interface Wifi/radio. Elle remplace une prise de courant classique, dans le même boîtier et pourra être commandée par le système. Elle est reliée à la box Internet via le Wifi.

Elle permet le contrôle local ou à distance des produits radio via un smartphone et même la commande locale à la voix grâce à un assistant vocal (Apple HomeKit, Google Assistant, Alexa). Sa prise de courant comme toutes celles à récepteur radio, permet via l'appli du smartphone de connaître la consommation instantanée ou cumulée de l'appareil qui y est raccordé.

La commande générale, module extraplat à coller, visser ou fixer sur un boîtier permet de créer des scénarios de vie par configuration via l'appli. Il est préférable de l'installer vers l'entrée de l'habitation. Elle permet par exemple, dans la configuration départ, de couper toutes les lumières, les prises que l'on ne veut pas alimenter et de fermer tous les

Installation connectée

Exemple de kit de base

Box Internet

Prise contrôle radio/wifi

Extraplate, se pose en remplacement d'une prise existante. La prise est commandée par radio.

Commande à distance via un smartphone avec l'appli

Commande générale (scénario départ/arrivée)

Commande d'éclairage filaire (recepteur radio)

Commande d'éclairage extraplate (émetteur radio)

Permet d'éteindre ou d'allumer tous les éléments connectés (éclairage, prises…).

Système ouvert compatible avec de nombreux systèmes de la maison connectée : Enki de Leroy Merlin, Rexel, Somfy, Netatmo, IFTTT, hub La Poste, BNP real Estate, Vinci immobilier…

Commande vocale possible avec des assistants

⸺⸺⸺⸳> *Figure 31* : L'installation connectée

volets roulant de la maison. La configuration arrivée permettra les opérations inverses. Un simple appui en haut ou en bas de la touche déclenche les scénarios. On peut également la commander à distance via le smartphone. On peut ajouter une autre commande générale si l'habitation a plusieurs portes. Les scénarios seront identiques pour toutes les commandes.

D'autres commandes existent, pour créer des scénarios lever/coucher, centralisation de commandes de volets roulants… Ce système permet également de simuler une présence, pendant les vacances, par exemple. L'appli est téléchargeable sur l'App Store ou Google Play. Elle doit être configurée selon votre installation et associée aux divers modules. Vous pouvez intégrer pour chaque pièce les éléments radio installés et les commander.

Le système est ouvert c'est-à-dire qu'il est compatible avec ceux d'autres acteurs de la maison connectée comme Enki de Leroy Merlin, Rexel, Vinci Immobilier, BNP Parisbas Real Estate, le hub numérique de la poste, Somfy, Netatmo…

5 Les volets roulants électriques

Les appareillages radio et les micromodules radio peuvent également être utilisés pour la commande des volets roulants électriques. Ils permettent la commande individuelle de chaque volet mais ils rendent également possible la centralisation, par pièce, par niveau ou générale.

Un circuit de volet roulant est assez simple (figure 32). Une alimentation en 230 V arrive dans le boîtier du commutateur de commande. Celui-ci possède trois plots, un commun pour la phase, un plot pour la commande de la montée et un pour la descente. De ce boîtier part une ligne avec un neutre, la terre, la commande de montée et celle de descente. Elle arrive dans une boîte de connexion sur laquelle est relié le moteur du volet. Ce dernier est muni de contacts de fin de course qui permettent de couper mécaniquement l'alimentation en fin de montée ou

de descente. Le commutateur de commande peut offrir trois positions (montée, arrêt et descente), deux positions (montée et descente) ou un poussoir inverseur (montée/descente).

Cette configuration d'alimentation convient pour un appareillage radio ou des micromodules radio. Mais ils se peut que l'alimentation soit différente et qu'elle arrive directement dans la boîte de raccordement du volet et que seules les commandes et la phase descendent vers le commutateur de

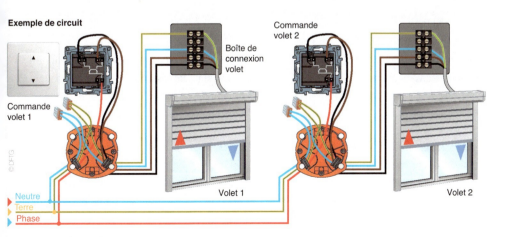

Exemple de circuit

Commande volet 2

Boîte de connexion volet

Commande volet 1

Commande volet 1

Volet 1

Volet 2

Neutre
Terre
Phase

·····➤ *Figure 32* : La centralisation des commandes de volets roulants avec appareillage radio...

Matériel nécessaire

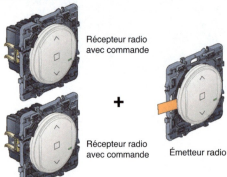

Récepteur radio avec commande

+

Récepteur radio avec commande

Émetteur radio

Vous avez besoin d'une ou plusieurs commandes récepteur radio et un ou plusieurs émetteurs radio extraplats.

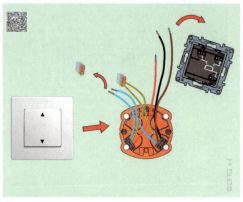

1 Coupez le courant. Déposez les commandes des volets existantes et déconnectez-les.

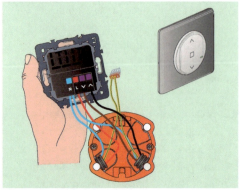

2 Raccordez les nouvelles commandes récepteur, puis montez-les dans les boîtiers.

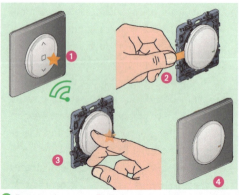

4 Remettez le courant **1**. Retirez la protection de la pile de l'émetteur **2**. Associez les éléments **3**. Posez le ou les émetteurs **4**.

... *Figure 32* : La centralisation des commandes de volets roulants avec appareillage radio ←...

commande. Dans ce cas, l'opération est plus difficile car il faut avoir accès à cette boîte. Un micromodule radio devra être installé à ce niveau.

Selon le système on peut avoir recours à une commande centralisée par pièce et/ou générale, une télécommande, la gestion à distance ou locale, par smartphone.

Pour installer un système radio avec arrivée de l'alimentation dans le boîtier, munissez-vous de récepteurs radio filaires (un par volet) et d'un émetteur radio extraplat pour

la commande générale (figure 32). Coupez le courant. Déposez le commutateur de commande et déconnectez les deux fils de neutre.

Raccordez sur le récepteur les deux neutres, la phase, le fil de montée et celui de descente. Remontez-le dans le boîtier d'encastrement, puis posez l'enjoliveur. Procédez ainsi pour toutes les commandes que vous voulez automatiser. Remettez le courant, puis associez les éléments avec l'émetteur extraplat. Posez ensuite ce dernier à l'endroit souhaité. La commande individuelle de chaque volet reste possible en appuyant sur les commandes récepteur individuelles et la commande centrale à l'aide de l'émetteur.

Vous pouvez utiliser l'émetteur pour commander tous les volets d'une même pièce ou d'un niveau, par exemple. Avec un système de maison connectée, vous pourrez programmer la fermeture générale des volets avec une commande arrivée/départ, par exemple.

Dans la configuration de l'alimentation arrivant dans le boîtier du commutateur, la solution avec micromodules permet de conserver l'appareillage et ainsi de garder une homogénéité avec le reste de l'installation.
Vous avez besoin de micromodules pour volets roulants et d'une télécommande (murale ou à poser).

Comme toujours, coupez le courant, puis déposez soigneusement le commutateur existant (figure 33). Déconnectez les deux conduc-

teurs de neutre, puis raccordez le micromodule sur l'alimentation et les départs vers le volet (montée, descente et neutre). Raccordez le commutateur sur le micromodule avec un commun, une commande montée et une descente. Placez le micromodule au fond du boîtier en rangeant correctement les conducteurs. Procédez ainsi pour tous les commutateurs. Remettez le courant, puis effectuez l'association des éléments selon la notice du fabricant.

Comme indiqué précédemment, si seuls les fils de commande arrivent dans le boîtier, vous devez installer le micromodule dans la boîte de raccordement du volet. Elle peut être difficilement accessible si elle est installée dans le coffrage. Coupez le courant, puis raccordez le micromodule sur l'alimentation et les départs vers le moteur du volet. Raccordez les conducteurs retournant au commutateur de commande sur le côté du micromodule (com, in1 et in2 pour cet appareillage). Remettez le courant, puis procédez à l'association des éléments avant de refermer la boîte.

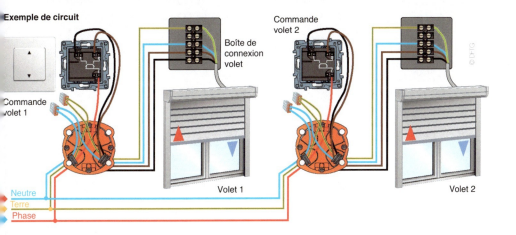

Figure 33 : La centralisation d'une commande de volets roulants avec micromodules...

Matériel nécessaire

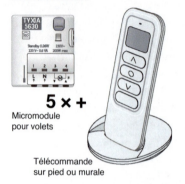

Micromodule
pour volets

Télécommande
sur pied ou murale

Vous avez besoin d'un kit contenant plusieurs micromodules et une télécommande radio.

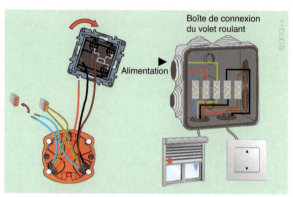

Boîte de connexion
du volet roulant

Alimentation

① Coupez le courant. Déposez les commandes de volets existantes et déconnectez-les. Le micromodule peut également s'installer dans la boîte de connexion du volet si tous les fils nécessaires sont présents.

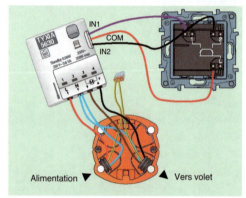

IN1
COM
IN2

Alimentation ▼   ▲ Vers volet

② Raccordez les récepteurs sur les conducteurs et les commutateurs sur les récepteurs.

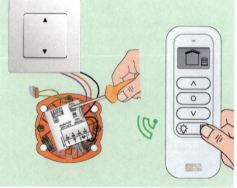

③ Remettez le courant, puis procédez à l'association des éléments selon les indications de la notice du fabricant.

... *Figure 33* : La centralisation d'une commande de volets roulants avec micromodules ⤶

6 Le raccordement des luminaires

Raccorder de nouveaux luminaires est une opération fréquente dans un logement, notamment en cas d'emménagement ou de déménagement (pour les déposer) ou à l'occasion d'une nouvelle décoration. Il s'agit d'opérations relativement simples à réaliser mais qui doivent l'être avec soin et dans le respect de la sécurité des usagers.

Plusieurs cas de figure peuvent se présenter selon le type d'alimentation existante et le type de luminaire à installer. On peut rencontrer plusieurs types d'alimentation en fonction de l'ancienneté de l'installation. Dans les plus datées, on trouve souvent deux conducteurs d'alimentation qui sortent directement du plafond, le conduit étant parfois peu visibles, masqué par de l'enduit et de la peinture. Ces deux éléments recouvrent également souvent les conducteurs. Si l'isolant est détérioré, il faut le reconstituer selon les solutions présentées précédemment. Dans les instal-

lations récentes, l'alimentation du luminaire comprend un fil de neutre, un retour lampe (phase commandée) et une terre. Le fil de terre devra systématiquement être relié à la suspension, si elle est métallique, par un contact mécanique ou au niveau du câble d'alimentation. Si la suspension n'est pas en matière conductrice, le fil de terre est laissé en attente et isolé.

Prenons le cas d'une suspension à raccorder sur une alimentation directe sortant du plafond sans terre (figure 34). La première mesure consiste à couper le courant au niveau

Exemple d'alimentation de luminaire existante

1 Coupez le courant. Déposez éventuellement l'ancien luminaire.

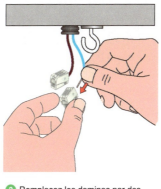

2 Remplacez les dominos par des connecteurs mieux adaptés.

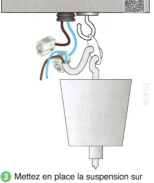

3 Mettez en place la suspension sur le piton en plafond.

┈┈▷ *Figure 34* : Le raccordement d'une suspension avec une installation ancienne...

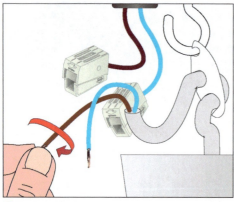

④ Dénudez éventuellement les fils du luminaire et roulez les brins entre-eux.

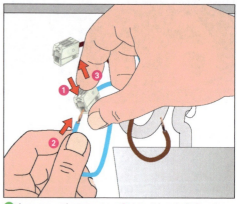

⑤ Appuyez sur le connecteur ❶, introduisez le fil ❷, puis relâchez le connecteur ❸ pour le serrage.

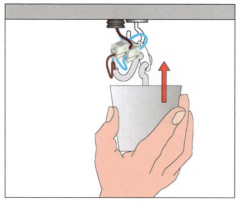

⑥ Rangez les fils, puis remontez le pavillon pour masquer les raccordements et le piton.

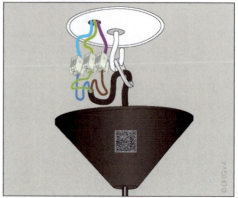

⑦ Procédez de la même manière pour des installations plus récentes avec une boîte de centre sans connecteur.

... *Figure 34* : Le raccordement d'une suspension avec une installation ancienne ←·····

du disjoncteur d'abonné. Les conducteurs pouvant être alimentés, ou un défaut sur une vieille suspension métallique pouvant créer un accident.

Si les fils sont équipés de dominos, remplacez-les par des connecteurs pour luminaires. En effet, les dominos ne sont pas prévus pour être montés et démontés plusieurs fois : ils abiment les conducteurs à chaque remplacement et cisaillent le cuivre. Dénudez proprement les conducteurs en provenance du plafond, puis enfoncez les dans la connexion pour fil rigide du connec-

teur (figure 34). Installez la suspension sur le crochet. Dénudez l'extrémités des conducteurs du câble d'alimentation, selon la longueur gravée sur le connecteur. Appuyez sur le connecteur, introduisez le fil, puis relâchez. Rangez les fils, puis remontez le cache-fil le plus haut possible pour masquer les connexions.

Vous pouvez procéder de la même façon pour des installations plus récentes où les conducteurs sortent du couvercle d'une boîte de centre encastrée.

Les installations récentes comportent des boîtes de connexion pour luminaires munies d'une prise DCL (dispositif de connexion pour luminaire). Dans cette prise se trouve une fiche spécifique raccordée sur le câble de la suspension (figure 35). On peut ainsi brancher et débrancher des luminaires sans toucher les fils de l'installation et ainsi les préserver.

La prise DCL du capot peut avoir été recouverte d'une protection lors des travaux de peinture qu'il faudra retirer. Vous devez vous munir de fiches DCL pour raccorder les luminaires. Certaines douilles provisoires (douilles de chantier) sont équipées d'une fiche DCL qu'il faut récupérer pour le branchement. Toute fiche DCL est normalisée, donc, quelle que soit la marque, elle pourra se raccorder sur la prise de la boîte de centre. La fiche DCL comporte trois plots pour raccorder neutre, retour lampe et terre.

Ouvrez la fiche DCL pour raccorder le câble d'alimentation du luminaire. Elle peut être dotée de clips à écarter ou de vis de serrage. La partie arrière de la fiche est équipée d'un serre-câble. Dénudez le câble selon les indica-tions gravées sur la fiche, puis passez le dans le capot de la fiche par le trou arrière après avoir dévissé la vis du serre-câble. Raccordez les conducteurs sur les plots de la fiche, la terre toujours au centre, neutre et phase selon les indications de la fiche.

Remontez la fiche, puis serrez la vis du serre-câble en vérifiant qu'elle prend bien appui sur la gaine du câble.

Installez la suspension sur le crochet de la boîte. Ce crochet est prévu pour des suspen-sions jusqu'à 25 kg.

Coupez le courant, puis raccordez la fiche sur la prise DCL. Une petite languette laté-rale va la bloquer dans un logement assurant ainsi une bonne connexion. Faites glisser le pavillon (cache-fil) du luminaire jusqu'à la boîte.

Remettez le courant puis essayez le lumi-naire.

Vous pouvez être amené à fixer et à raccorder d'autres luminaires que des suspensions (spots ou autres) munis d'une patère de fixa-tion prenant appui sur un étrier métallique ou d'un socle à fixer directement au plafond.

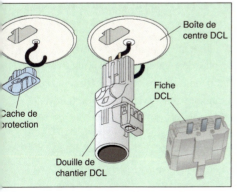

Vous avez besoin d'une fiche DCL. Elle peut être présente une douille de chantier. Un cache peut être à retirer.

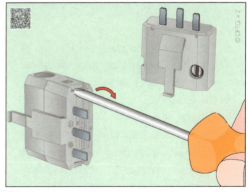

② Démontez la fiche DCL. Il existe des modèles à vis ou à clips.

Figure 35 : Le raccordement d'une suspension avec une installation moderne...

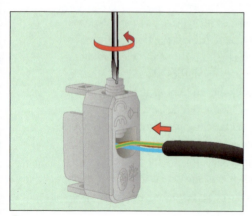

③ Dévissez le serre-câble, dénudez le câble selon les instructions, puis glissez-le dans la partie arrière de la fiche.

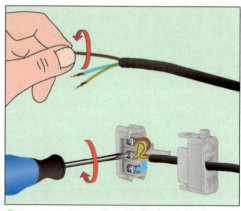

④ Dénudez les fils et roulez les brins, puis raccordez-les sur la fiche. Refermez le boîtier et revissez le serre-câble.

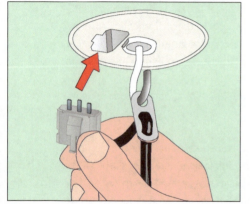

⑤ Coupez le courant. Installez la suspension, puis clipsez la fiche dans la prise de la boîte. Remettez le courant.

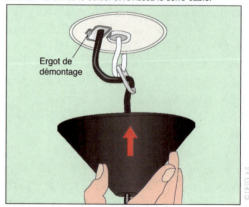

Ergot de démontage

⑥ Faites glisser le pavillon jusqu'au plafond pour cacher les fils et le crochet.

... *Figure 35* : Le raccordement d'une suspension avec une installation moderne ←····

Si l'arrivée est constituée uniquement de conducteurs qui sortent d'une gaine au plafond (figure 36), fixez le luminaire avec vis et chevilles en vous écartant le plus possible du passage de la gaine.

Dans certaines habitations anciennes, il existe un gros piton métallique pris dans la structure du plafond. On préférera dans ce cas poser une suspension pour ne pas avoir à couper le piton.

Si l'alimentation du luminaire se fait dans une boîte de centre, il sera nécessaire de fixer l'étrier au niveau du couvercle de la boîte afin de centrer le luminaire. Dévissez le piton de suspension du boîtier. Insérez une rondelle, puis revissez le piton à travers le percement central de l'étrier. Vous devrez peut-être le percer s'il n'est pas prévu. Il se peut que vous deviez remplacer le piton par une vis si son crochet gêne la pose du luminaire. Afin d'éviter la rotation, placez une petite vis à travers le capot plastique dans l'un des trous d'extrémité. Souvent avec les patères métalliques, sont

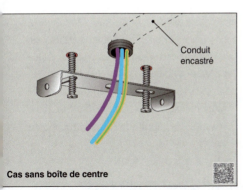

Cas sans boîte de centre

Fixez l'étrier au plafond avec vis et chevilles. Vérifiez que les percements sont éloignés du passage du conduit.

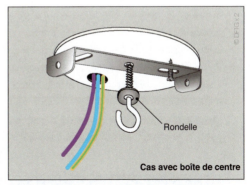

Rondelle

Cas avec boîte de centre

Avec une boîte de centre, utilisez le piton de la boîte en intercalant une rondelle, puis posez une ou deux autres petites vis dans le couvercle boîtier (pour éviter la rotation).

┈┈┈➢ *Figure 36* : La pose d'un luminaire avec étrier de fixation

fournies de petits morceaux de gaine de protection en silicone que l'on place sur les conducteurs d'alimentation pour en renforcer la protection contre la chaleur et les chocs. Il se peut également que le raccordement du fil de terre se fasse directement sur une partie métallique.

Dans le cas des appliques murales, les principes de raccordement sont analogues à ceux des suspensions ou plafonniers. Dans les installations les plus modernes,

les appliques se raccordent dans une petite boîte d'encastrement munie d'une prise DCL (figure 37). Il faut raccorder le câble de l'applique avec une fiche DCL, comme pour une suspension. La connexion ne dépasse pratiquement pas du mur, ce qui peut être pratique avec des appliques offrant peu de place à l'arrière.

Avec une boîte pour applique d'ancienne génération, équipez les conducteurs d'alimentation de connecteurs pour luminaire, dénudez le câble de l'applique, passez-le

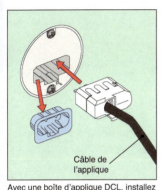

Câble de l'applique

Avec une boîte d'applique DCL, installez une fiche DCL sur le câble de l'applique.

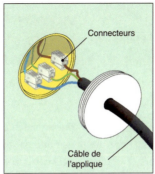

Connecteurs

Câble de l'applique

Avec une boîte d'applique sans DCL, effectuez les raccordements dans la boîte.

Sur une installation ancienne, les raccordements se font derrière l'applique (connecteurs mixtes ou dominos).

┈┈┈➢ *Figure 37* : Le raccordement d'une applique murale

à travers le trou du capot du boîtier, puis procédez au raccordement. Refermez le boîtier, puis fixez l'applique.

Pour les installations encore plus anciennes, il sera nécessaire de procéder aux raccordements derrière l'applique. La solution qui prend le moins de place consiste à utiliser de petits connecteurs automatiques à levier qui prennent moins de place que les dominos. Il est même parfois nécessaire de creuser un peu le mur pour agrandir l'espace au dos de l'applique et pouvoir y placer les connexions. Dans tous les cas, le raccordement s'effectue courant coupé. Vous devez prévoir le système de fixation de l'applique (piton, crochet, vis chevilles…).

7 Les éclairages LED

Depuis l'entrée en vigueur de la réglementation européenne visant à interdire les lampes énergivores, les lampes à incandescence ont pratiquement disparu. Seules certaines ampoules spécifiques subsistent, comme les poirettes pour les réfrigérateurs ou les fours (les ampoules à incandescence peuvent supporter les fortes températures). Il s'en est suivi la réduction de la plupart des modèles halogènes. Les lampes fluocompactes ont un temps pris le relais, mais elles souffraient de nombreux inconvénients : présence de mercure, temps d'obtention de la puissance maximale, sensibles au froid, ne supportaient pas les allumages et extinctions répétées et par leur constitution, elles ne pouvaient pas remplacer toutes les types d'ampoules existantes. Les lampes à technologie LED (light emitting diode) se sont développées très rapidement. Elles progressent en couleur de confort d'éclairage, en puissance, en miniaturisation et peuvent remplacer la plupart des ampoules existantes.

Elles ont une durée de vie très longue (environ 50 000 h), chauffent peu, consomment très peu et sont de moins en moins chères. Il en existe pour tous les types de luminaires et de courant (230 V et 12 V). Elles offrent de nouvelles solutions d'éclairage comme les rubans LED, qui peuvent être monochrome ou varier dans toute une gamme de teintes. Les lampes intégrées peuvent être très plates pour des systèmes d'éclairages encastrés. Certains luminaires LED sont équipés de lampes spécifiques qui ne peuvent pas être remplacées. Cette information est indiquée sur l'étiquette énergie du produit. Elle oblige à remplacer le luminaire en fin de vie de la lampe. Les ampoules se distinguent par leur forme et leur culot (figure 38). La forme des lampes, même si elles sont désormais commercialisées en LED, reprennent la forme des lampes à incandescence traditionnelles : standard, flamme, tube, sphérique, calotte argentée, réflecteur… Il existait également des lampes en forme de tube à incandescence comme les linolites et des mini-tubes apparus avec les lampadaires, mais en halogène (tube quartz). Les tubes les plus courants sont les tubes fluorescents qui utilisent une autre technologie que l'incandescence.

Si vous devez remplacer des ampoules, l'autre critère à prendre en compte est le culot. Il en existe une grande variété. Les plus courants pour les lampes en 230 V sont les culots à vis (E27 et E14, E pour Edison), les culots à baïonnette (B22), R7S pour les tubes quartz halogènes, et des systèmes plus récents comme les formats G9 (lampes capsule) et GU10 (mini lampes à réflecteur apparues avec les halogènes). D'autres culots sont moins courants, comme ceux pour les anciens tubes à incandescence : S15, S19, S14s…

Les ampoules à très basse tension de sécurité (TBTS 12 V) présentent des branchements spécifiques constitués de broches métalliques et qui diffèrent par leur diamètre et leur écartement. Les standards les plus courants sont G4 (ampoules capsules de 20 W), GU4 et GU5,3 pour des lampes à réflecteur. Les lampes LED existent pour tous ces types d'ampoules.

Les premières générations de lampes LED en 230 V ont une douille au-dessus de laquelle se situe une partie en plastique qui renferme

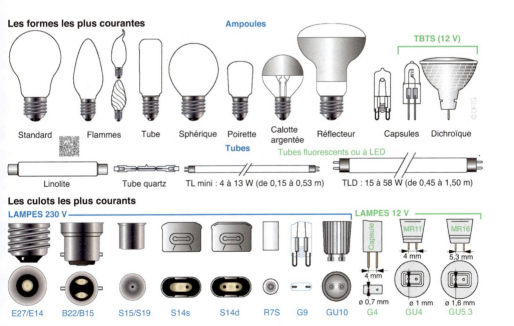

Figure 38 : Généralités sur les lampes...

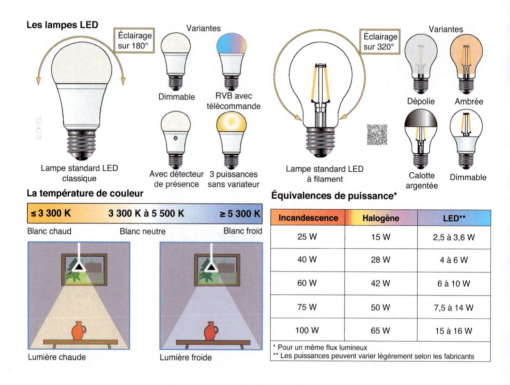

... *Figure 38* : Généralités sur les lampes ⇐····

un dispositif électronique pour assurer le fonctionnement sous cette tension. La partie supérieure est protégée par un plastique translucide. En effet, la tension du réseau de 230 V est trop importante pour alimenter des LEDS, elle doit donc être réduite. Pour les modèles les plus courants, d'autres fonctions peuvent également être disponibles. La lampe peut être dimmable (fonctionnement avec un variateur), intégrer un détecteur de présence (pour l'allumage automatique), offrir trois puissances différentes (sélectionnables en allumant ou en éteignant la lampe) ou encore comporter plusieurs couleurs sélectionnables avec une télécommande fournie avec la lampe. Cependant, la teinte blanche obtenue avec ce type d'ampoule est assez froide et le flux lumineux est dirigé sur 180°.

Les modèles les plus récents sont à filament LED. Elles ressemblent beaucoup aux anciennes lampes à incandescence. Les LED sont disposées sur des bandes qui imitent un filament. Leur couleur jaune est due à une couche de phosphore qui permet d'obtenir une teinte de blanc chaud. Le tout est installé dans une ampoule en verre, avec dispositif électronique dans le culot. Comme les lampes à incandescence, le flux lumineux est diffusé sur 320°. On trouve des modèles avec verre transparent, dépoli, ambré ou avec une calotte argentée. Les modèles dimmables comportent une base en plastique qui limite le flux lumineux, comme les modèles classiques.

Un autre critère à prendre en compte est la température de couleur qui s'exprime en

Kelvin (K). Les lampes LED sont commercialisées en différentes températures de couleur souvent caractérisées par blanc froid ou blanc chaud. Les lampes dont la température de couleur est supérieure à 5 300 K procurent un blanc froid légèrement bleuté. Entre 3 300 et 5 300 K, on obtient un blanc neutre, parfois appelé lumière du jour. En deçà de 3 300 K, on obtient un blanc chaud (tirant vers le jaune) qui rappelle l'éclairage à incandescence.

Les emballages des lampes LED doivent comporter plusieurs indications : la puissance (en Watts), le flux lumineux (en lumens), l'équivalence en incandescence, la durée de vie, les économies d'énergie réalisées par rapport à une lampe à incandescence, la température de couleur et le type de culot. Les lumens caractérisent la quantité de lumière émise. Plus elle est importante, plus elle émet de lumière.

Les spots encastrables à LED

Les spots encastrables dans les faux-plafonds ou les éléments de mobilier (armoires ou miroir de salle de bains) sont très répandus. Les premiers systèmes de spots encastrables étaient assez volumineux et nécessitaient des ampoules à incandescence (lampes à réflecteur) en 230 V. Le système s'est ensuite développé avec des lampes halogènes dichroïques (MR16) en 12 V alimentées par un transformateur. Les spots étaient plus petits, la lumière obtenue puissante et confortable, et la durée de vie des lampes très importante. Ensuite sont apparues les lampes à réflecteur à culot GU10 en 230 V. De petite dimension, ces lampes ont également été employées pour les spots encastrables ou les luminaires

à lampes multiples. Elles étaient proposées en 35 ou 50 W. Pour le mobilier, on utilisait des ampoules halogènes de petite dimension (les capsules en culot G4), alimentées en 12 V, dans des systèmes de spots encastrables très plats. Désormais, pratiquement tous les spots encastrables sont proposés avec des lampes LED. Ils correspondent aux formats de lampe de l'époque ou à ceux des lampes spécifiques (lampe LED intégrée). Ils peuvent être à alimentation 230 V, 10, 12 ou 24 V ou d'autres systèmes (comme le courant constant). On peut remplacer des spots encastrés existants par des nouveaux modèles à LED de taille équivalente ou remplacer des ampoules existantes en incandescence ou halogène par des modèles LED équivalents sans remplacer les supports.

Pour une installation à créer dans un faux-plafond, vous devez disposer d'une alimentation commandée en 230 V existante ou à créer. Des spots installés dans les pièces humides comme la salle de bains doivent respecter la norme stricte selon leur implantation dans la pièce (TBTS, indice de protection à l'eau…).

» Les spots encastrables LED en 230 V

Les spots encastrables en 230 V à LED sont prévus essentiellement pour les lampes à réflecteur de type GU10 (figure 39). Tout le flux lumineux est dirigé vers le bas. Le spot est constitué d'un support d'encastrement métallique (doté de deux lames ressort pour se fixer à l'intérieur du faux-plafond et de circlips pour maintenir la lampe), d'une lampe GU10 avec système de raccordement comprenant une douille GU10, un

Principes de raccordement

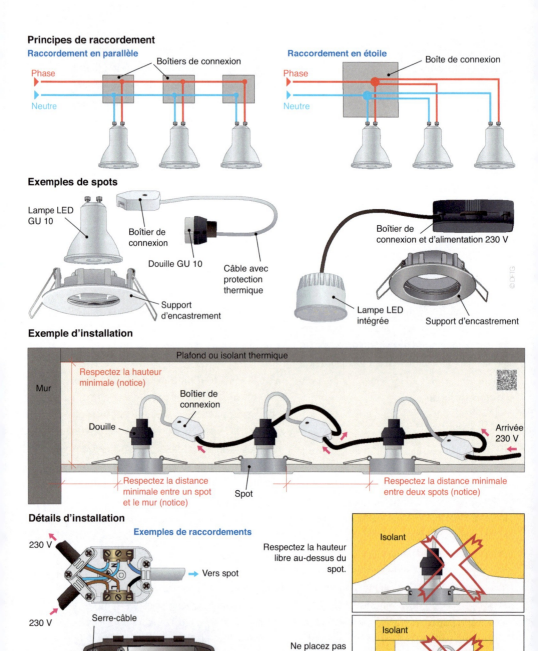

Raccordement en parallèle

Boîtiers de connexion

Phase

Neutre

Raccordement en étoile

Boîte de connexion

Phase

Neutre

Exemples de spots

Lampe LED GU 10

Boîtier de connexion

Douille GU 10

Câble avec protection thermique

Support d'encastrement

Boîtier de connexion et d'alimentation 230 V

Lampe LED intégrée

Support d'encastrement

Exemple d'installation

Plafond ou isolant thermique

Respectez la hauteur minimale (notice)

Mur

Boîtier de connexion

Douille

Arrivée 230 V

Respectez la distance minimale entre un spot et le mur (notice)

Spot

Respectez la distance minimale entre deux spots (notice)

Détails d'installation

Exemples de raccordements

230 V

Vers spot

230 V

Serre-câble

230 V

Vers spot

230 V

Respectez la hauteur libre au-dessus du spot.

Isolant

Ne placez pas le spot dans un caisson isolant.

Isolant

⋯⋯⋙ *Figure 39* : Les spots encastrables LED en 230 V

câble haute-température et un petit boîtier de raccordement. On trouve également des systèmes fonctionnant avec des lampes à LED intégrées (qu'il faudra remplacer par le même type lorsqu'elles seront hors d'usage). Les supports d'encastrement s'installent dans des percements de diamètre adapté, réalisés dans la plaque de plâtre. Référez-vous à la notice, on doit souvent respecter un espace minimal entre chaque spots ou entre un spot et les parois verticales.

Les spots doivent être raccordés en parallèle. Le raccordement en étoile est en parallèle mais centralisé. Classiquement les spots sont alimentés par des câbles qui alimentent le spot au niveau du boîtier, puis repartent vers le boîtier suivant. Il peut s'agir de simples boîtiers de connexion ou de boîtiers avec un dispositif électronique d'alimentation (pour les modèles à LED intégrées). Certains kits sont pourvus d'une boîte de connexion spécifique et d'alimentations de spots avec connecteurs. On réalise ainsi un raccordement en étoile.

Les câbles d'alimentation en 230 V ne doivent pas reposer sur les spots mais en être éloignés et reposer sur le faux-plafond. En effet, si les lampes LED chauffent moins que les lampes à incandescence, elles diffusent néanmoins de la chaleur (système de refroidissement des LED et électronique). Une lampe LED soumise à une température trop élevée aura une durée de vie réduite ou s'endommagera rapidement.

Il est donc indiqué dans la notice du spot une hauteur minimale entre le spot et le plafond existant qu'il est impératif de respecter. Si cette mesure est simple à respecter dans un faux-plafond vide, elle sera plus difficile dans un faux-plafond isolé. L'isolant ne doit pas recouvrir le spot. On peut utiliser des cloches adaptées, comme indiqué plus loin. Il est également souvent déconseillé d'habiller le spot dans un caisson d'isolant.

» Les spots LED encastrables à courant constant

Pour les spots LED alimentés avec des tensions plus basses que le courant du secteur, deux solutions sont possibles : l'alimentation à courant constant et l'alimentation à tension constante (voir paragraphe suivant).

L'alimentation constante nécessite des spots spécifiques à LED intégrées (on ne peut pas changer la lampe, mais tout le spot avec ses LED), munis de deux fils d'alimentation (un plus, en rouge et un moins, en noir) et souvent d'un connecteur spécifique (figure 40). À l'intérieur, plusieurs LED (selon la puissance) sont connectées en série sans transformateur ou résistance en série pour diminuer la tension d'alimentation. Pour fonctionner les LED doivent alors être alimentées en courant continu (DC en anglais). Le système est alimenté par un système spécifique : un driver. Il est alimenté en 230 V. Sa sortie procure un courant continu à intensité constante (350, 500 ou 700 mA [milliampères]) et une tension variable selon le nombre de spots à alimenter. Les spots sont alors raccordés en série. Généralement, ces systèmes sont vendus en kit comprenant un nombre de spots adapté au driver.

Le driver est d'une dimension adaptée aux percements des spots afin de pouvoir être introduit dans le faux-plafond.

La section des conducteurs d'alimentation des spots est fonction de leur longueur et du courant d'alimentation.

Principe de raccordement

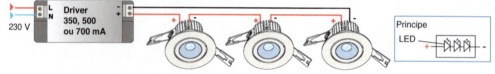

Le driver assure :
- une intensité constante (350, 500 ou 700 mA) ;
- une tension variable selon le nombre de spots.

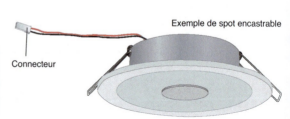

Connecteur

Exemple de spot encastrable

Longueur maximale des câbles des spots LED montés en série selon leur section			
Courant	0,75 mm²	1,5 mm²	2,5 mm²
350 mA	30 m	60 m	100 m
700 mA	15 m	30 m	50 m

Exemple de raccordement d'un kit de spots

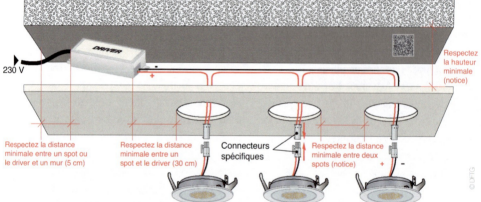

230 V

Respectez la hauteur minimale (notice)

Respectez la distance minimale entre un spot ou le driver et un mur (5 cm)

Respectez la distance minimale entre un spot et le driver (30 cm)

Connecteurs spécifiques

Respectez la distance minimale entre deux spots (notice)

Autres exemples de raccordement

Avec câbles et connecteurs automatiques ou dominos

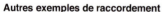

230 V

Driver

Câble U 1000R2V
2 × 1,5 mm²

Faux-plafond

Dans tous les cas respectez les polarités

Connecteurs

Spot LED série

Avec une boîte répartiteur série

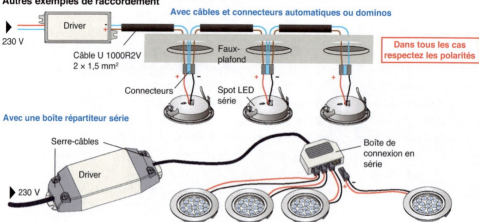

Serre-câbles

Driver

230 V

Boîte de connexion en série

Figure 40 : Les spots LED à courant constant

Comme pour les spots en 230 V, il est nécessaire de respecter une distance minimale entre chaque spot, entre un spot ou le driver et avec une paroi verticale, ainsi qu'entre le driver et les spots. Il en va de même dans le faux-plafond.

Attention, le câble d'alimentation en 230 V ne doit pas cheminer le long des alimentations des spots. Les alimentations des spots doivent être éloignées des points d'éclairage. Si le faux-plafond est isolé, utilisez des cloches pour éloigner l'isolant.

Dans les systèmes de kits, deux types d'alimentation sont possibles : soit un câble d'alimentation avec des connecteurs sur lesquels sont raccordés les connecteurs des spots, soit un boîtier de connexion en série prévu pour raccorder les connecteurs de chaque spot.
Il est également possible d'utiliser des câbles à deux conducteurs pour un montage libre. Utilisez alors des connecteurs à trois plots indépendants pour respecter une alimentation en série et les polarités (le plus et le moins).

Si les kits sont prévus pour un nombre de spots et un driver adapté, il ne sera pas toujours possible d'ajouter ou retirer des spots. Le problème peut aussi se poser en installation libre.

Prenons l'exemple d'un driver alimentant trois spots (figure 41). Les spots sont caractérisés par leur puissance en Watts (ici P = 5 W) et leur intensité (ici I = 700 mA). Sur le driver sont indiquées l'intensité de sortie (700 mA, qui correspond à celle des spots) et la tension disponible (de 18 à 36 V dans l'exemple).
Avec ce montage, on peut calculer la tension nécessaire pour chaque spot : U = P/I (P en W, I en A), soit 5/0,700 = 7,14 V. Chaque spot installé en série est donc alimenté sous une tension 7,14 V. Pour alimenter les trois spots, on a besoin de trois fois 7,14 V soit 21,42 V (en série les tensions aux bornes de chaque élément s'ajoutent). Le driver pouvant assurer une tension comprise entre 18 et 36 V, il est adapté.

En revanche, si l'on diminue le nombre de spots, on risque de ne plus être dans les valeurs du driver. Avec un seul spot par exemple, on a besoin d'une tension de 7,14 V qui ne peut être fournie par le driver. Cela risquerait de détériorer le spot. À l'inverse, si l'on augmente le nombre de spots, six dans l'exemple, alors la tension nécessaire sera

Exemple de circuit correct

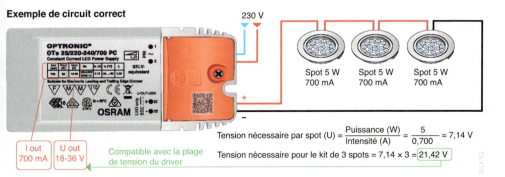

©LHG

----> *Figure 41* : L'ajout ou la suppression de spots sur un circuit à courant constant...

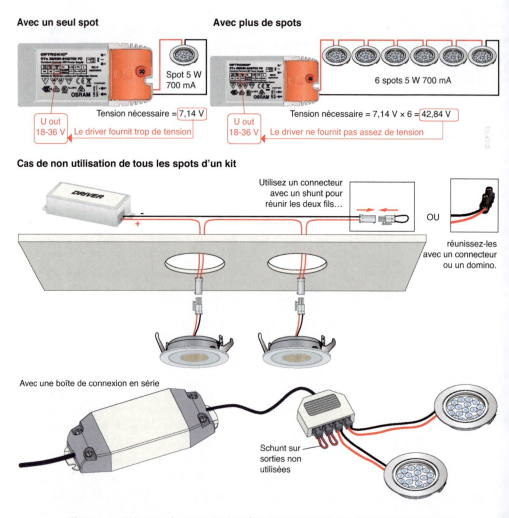

Avec un seul spot

Avec plus de spots

Spot 5 W
700 mA

Tension nécessaire = 7,14 V

U out
18-36 V   Le driver fournit trop de tension

6 spots 5 W 700 mA

Tension nécessaire = 7,14 V × 6 = 42,84 V

U out
18-36 V   Le driver ne fournit pas assez de tension

Cas de non utilisation de tous les spots d'un kit

DRIVER

Utilisez un connecteur
avec un shunt pour
réunir les deux fils...

OU

réunissez-les
avec un connecteur
ou un domino.

Avec une boîte de connexion en série

Schunt sur
sorties non
utilisées

... *Figure 41* : L'ajout ou la suppression de spots sur un circuit à courant constant

de 42,84 V, ce qui est trop pour le driver. Le montage ne fonctionnera pas.

Avec les systèmes en kit, il est nécessaire de prendre des dispositions pour le raccordement, si vous n'utilisez pas l'un ou plusieurs des spots (en plus de vérifier les capacités du driver). Pour les systèmes à connecteurs, il faut utiliser un connecteur avec un shunt pour assurer la continuité du circuit (ou réunir les deux fils ensemble avec un connecteur). Dans le cas d'un boîtier de raccordement en série, les plots non utilisés doivent recevoir des connecteurs avec shunt.

Le plus gros problème avec le raccordement en série est que, si un spot ne fonctionne plus, il interrompt tout le circuit. Sur certains dispositifs de raccordement, les connecteurs peuvent assurer la continuité du circuit, si l'un des spots est défectueux pour que les autres continuent de fonctionner.

L'avantage de ces spots à encastrer avec LED intégrées est qu'ils sont de petite dimension et très plats. Ils peuvent donc s'installer dans l'épaisseur de panneaux de meubles, par exemple.

» Les spots LED encastrables à tension constante

Les kits d'éclairage à tension constante sont basés sur des lampes classiques en version LED, capsules, MR11 et MR16 pour les plus courantes. Il est donc plus aisé de les remplacer que dans le kit précédent. Les spots encastrables reposent sur le même principe que les lampes halogènes. Le circuit est alimenté par un appareil qui réduit la tension d'alimentation, le plus souvent en 12 V, soit la TBTS en courant alternatif.

Les LED incorporées dans les lampes sont pourvues d'une résistance en série pour réduire la tension d'alimentation au niveau nécessaire, ainsi que de diodes pour leur permettre de supporter une tension de 12 V alternative (AC) ou continue (DC), indiquée sur l'emballage de la lampe. En effet, il est impossible de respecter une polarité (plus et moins) d'une tension continue avec des systèmes de douille sans détrompeur.

Le bloc d'alimentation peut être un transformateur électronique (ou ferromagnétique) alimenté en 230 V (primaire) et procurant une tension de 12 V alternative (secondaire) ou un convertisseur alimenté en 230 V et procurant une tension de 12 V continue (figure 42). Avec un transformateur électronique, la longueur du circuit secondaire peut être limitée à 2 m. Afin de disposer d'une tension constante à l'alimentation de chaque lampe, celles-ci doivent être raccordées en parallèle (ou en étoile comme les lampes en 230 V). Quand une lampe est défectueuse, elle ne coupe pas tout le circuit.

L'intensité disponible au secondaire (variant en fonction du nombre de lampes raccordées) sera limitée par la puissance du transformateur.

Ces systèmes de spots encastrés peuvent être vendus en kit comprenant l'alimentation, les

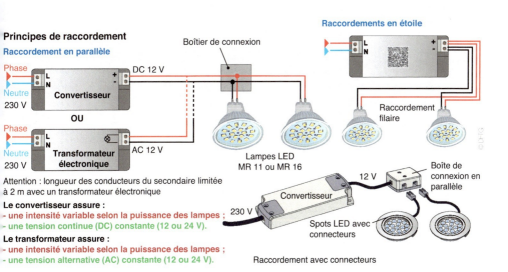

Principes de raccordement

Raccordement en parallèle

Phase — Neutre 230 V — **Convertisseur** — DC 12 V

OU

Phase — Neutre 230 V — **Transformateur électronique** — AC 12 V

Boîtier de connexion

Raccordements en étoile

Raccordement filaire

Lampes LED MR 11 ou MR 16

Attention : longueur des conducteurs du secondaire limitée à 2 m avec un transformateur électronique

Le convertisseur assure :
- une intensité variable selon la puissance des lampes ;
- une tension continue (DC) constante (12 ou 24 V).

Le transformateur assure :
- une intensité variable selon la puissance des lampes ;
- une tension alternative (AC) constante (12 ou 24 V).

230 V — Convertisseur — 12 V — Boîte de connexion en parallèle

Spots LED avec connecteurs

Raccordement avec connecteurs

Figure 42 : Les spots LED à tension constante...

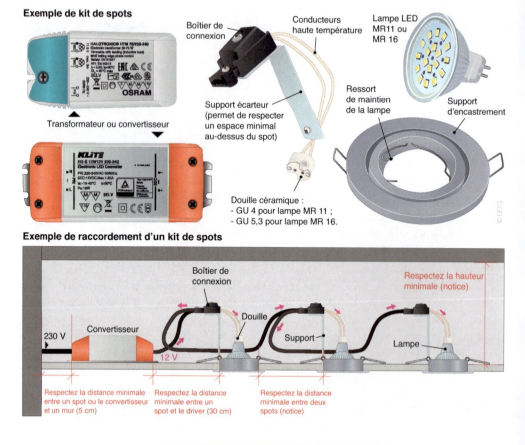

... *Figure 42* : Les spots LED à tension constante ←····

supports d'encastrement, un support écarteur avec douille en céramique et conducteurs haute température avec leur boîtier de connexion et une lampe LED. Certains systèmes peuvent être fournis avec une boîte de connexion (connexion en étoile) et des spots équipés de câbles avec connecteurs.

Il ne faut pas shunter les sorties non utilisées. L'installation doit dans ce cas respecter des distances minimales entre les spots, entre un spot et l'alimentation, entre l'alimentation et une paroi verticale. De même et surtout, il faut une hauteur suffisante disponible dans le faux-plafond.

Écartez au maximum les câbles d'alimentation des lampes des spots, ne faites pas cheminer le câble d'alimentation le long des câbles des spots.

Comme indiqué précédemment, un circuit de spots encastrés de LED à courant constant reprend le même principe que celui d'un circuit avec des lampes halogènes utilisant le même type d'ampoules. Il paraît donc simple de remplacer ces lampes par des modèles LED. Néanmoins des problèmes de fonctionnement peuvent apparaître.

Prenons l'exemple illustré à la figure 43. On constate qu'un transformateur électronique

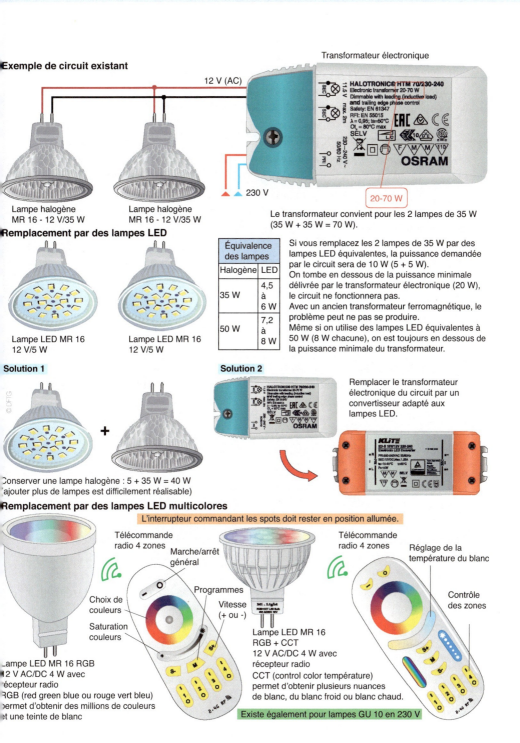

Exemple de circuit existant

Transformateur électronique

12 V (AC)

HALOTRONICS HTM 70/230-240
Electronic transformer 20-70 W
Dimmable with leading (inductive load)
and trailing edge phase control
Safety: EN 61347
RFI: EN 55015
λ = 0,95; ta=50°C
Oₜ = 80°C max
SELV

OSRAM

230 V

20-70 W

Lampe halogène
MR 16 - 12 V/35 W

Lampe halogène
MR 16 - 12 V/35 W

Le transformateur convient pour les 2 lampes de 35 W
(35 W + 35 W = 70 W).

Remplacement par des lampes LED

Lampe LED MR 16
12 V/5 W

Lampe LED MR 16
12 V/5 W

Équivalence des lampes	
Halogène	LED
35 W	4,5 à 6 W
50 W	7,2 à 8 W

Si vous remplacez les 2 lampes de 35 W par des lampes LED équivalentes, la puissance demandée par le circuit sera de 10 W (5 + 5 W).
On tombe en dessous de la puissance minimale délivrée par le transformateur électronique (20 W), le circuit ne fonctionnera pas.
Avec un ancien transformateur ferromagnétique, le problème peut ne pas se produire.
Même si on utilise des lampes LED équivalentes à 50 W (8 W chacune), on est toujours en dessous de la puissance minimale du transformateur.

Solution 1

Solution 2

Remplacer le transformateur électronique du circuit par un convertisseur adapté aux lampes LED.

© DFG

+

Conserver une lampe halogène : 5 + 35 W = 40 W
(ajouter plus de lampes est difficilement réalisable)

Remplacement par des lampes LED multicolores

L'interrupteur commandant les spots doit rester en position allumée.

Télécommande
radio 4 zones

Marche/arrêt
général

Télécommande
radio 4 zones

Réglage de la
température du blanc

Programmes

Contrôle
des zones

Choix de
couleurs

Vitesse
(+ ou -)

Saturation
couleurs

Lampe LED MR 16
RGB + CCT
12 V AC/DC 4 W avec
récepteur radio
CCT (control color température)
permet d'obtenir plusieurs nuances
de blanc, du blanc froid ou blanc chaud.

Lampe LED MR 16 RGB
12 V AC/DC 4 W avec
récepteur radio
RGB (red green blue ou rouge vert bleu)
permet d'obtenir des millions de couleurs
et une teinte de blanc

Existe également pour lampes GU 10 en 230 V

Figure 43 : Le remplacement de lampes MR16 halogènes par des LED

alimente deux lampes halogènes de 35 W. La puissance disponible au transformateur est comprise entre 20 et 70 W. Il convient donc pour les deux ampoules de 35 W.

Si vous remplacez les deux lampes halogènes de 35 W par des LED, (AC/DC) d'un niveau d'éclairage équivalent, la puissance nécessaire sera d'environ 2 fois 5 W, soit 10 W. Dans ce cas, on se trouve en dessous de la puissance minimale délivrée par le transformateur électronique : le circuit ne fonctionnera pas.

Si les spots halogènes sont alimentés par un transformateur ferromagnétique, il n'y aura aucun souci pour mettre des lampes moins puissantes, puisque ce genre de transformateur n'a pas de puissance minimale. Il est constitué de bobinages de cuivre. Il est plus lourd et plus volumineux que les transformateurs électroniques mais il est prévu également pour se glisser dans le faux-plafond, par les trous des spots.

Dans notre exemple, il faudra peut être conserver une lampe halogène pour augmenter la puissance, ou changer le transformateur électronique par un convertisseur adapté aux LED.

Les puissances des alimentations ne doivent également pas être dépassées si l'on veut ajouter plus de spots. Mais les puissances des ampoules LED étant très faibles, il reste généralement de la marge. Ces conseils sont également valables pour les lampes MR11 ou les capsules.

On trouve également dans le commerce des lampes LED MR16 RGB ou RGB + CCT vendues avec une télécommande radio ou infrarouge. Les modèles RGB (red, green, bleue ou rouge, vert, bleu en français) sont équipées de LED de ces trois couleurs et en se mélangeant, permettent d'obtenir des millions de couleurs et un blanc un peu bleuté.

L'indication « + CCT » indique que la lampe peut délivrer, en plus des couleurs, plusieurs nuances de blanc, du blanc froid au blanc chaud, le tout réglé sur la télécommande. CCT signifie en anglais : control color temperature (contrôle de la température de couleur du blanc).

La télécommande offre des fonctions de marche/arrêt (le circuit doit être alimenté en permanence au niveau de l'interrupteur), le choix des couleurs, leur saturation, les vitesses de changement de couleur automatique, les variations d'intensité, le choix de plusieurs zones…

Pour éclairer des surfaces de travail, préférez des lampes blanches classiques (chaud ou froid), ou des lampes RVB + CCT. Les lampes uniquement RVB sont plutôt destinées à la décoration et aux effets de lumière.

Les rubans LED

Les rubans LED peuvent parfois être dénommés « strips » en anglais. Il s'agit d'un nouveau principe d'éclairage. Il existait auparavant des systèmes de tubes avec de petites lampes du type guirlandes de noël, mais ces dispositifs étaient fragiles et peu esthétiques. Les rubans LED sont constitués de LED SMD (surface-mount device) encapsulées dans un petit boîtier et soudées directement sur le support. Ces LED sont de petite dimension et très plates. Il en existe de plusieurs formats (plus elle sont grosses, plus elles sont puissantes) généralement indiqués sur le ruban. Les rubans LED sont principalement recherchés pour l'éclairage décoratif plutôt que comme éclairage principal. On peut les installer dans des corniches pour éclairer un plafond, en plinthe dans un couloir sombre, dans des meubles…

Le ruban sert de support, il peut être souple, rigide, voire étanche. Les modèles souples sont équipés, au revers, d'une bande auto-collante double face. Les rubans accueillent deux bandes d'alimentation parallèles (pour le plus et le moins) situées sur les bords extérieurs et entre ces bandes les alimenta-tions de plusieurs LED (raccordement paral-lèle) montées en série avec des résistances pour les adapter à la tension d'alimentation (figure 44). Celle-ci est généralement en

12 V, parfois en 24 V, uniquement en courant continu. Il est donc impératif de respecter la polarité des branchements. La puissance des rubans est souvent donnée en W/m de ruban. L'autre avantage de cette solution est que les rubans peuvent être coupés (aux niveaux des indications imprimées) ou allongés en utilisant des connecteurs de raccord. Il existe également des connecteurs pour des raccords à angle droit ou à angle divers. Plusieurs départs du convertisseur peuvent être réalisés en étoile avec des connecteurs ou un boîtier répartiteur.

Le ruban est alimenté par un convertisseur : 230 V alternatif au primaire, 12 V continu au secondaire. Il nécessite un connecteur pour alimenter le ruban. Selon les fabricants et

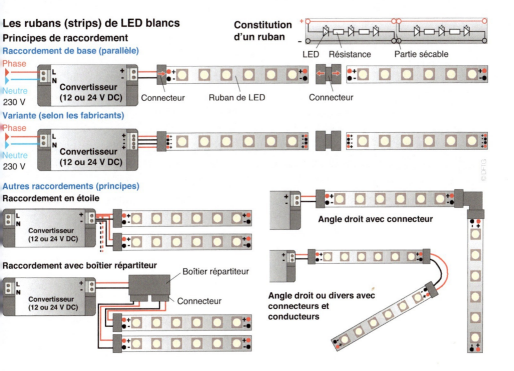

⋯⋯⟩ *Figure 44* : Les rubans LED blancs...

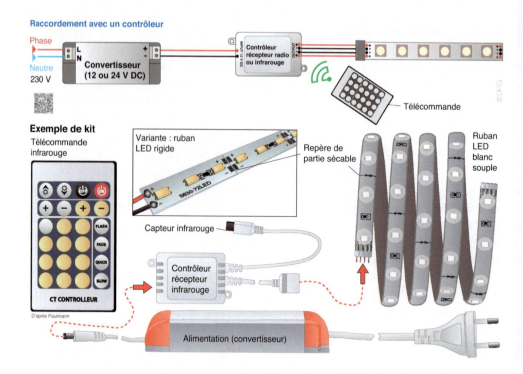

... *Figure 44* : Les rubans LED blancs ⟵----

les modèles de rubans, le secondaire peut comporter une ou deux sorties. Sa puissance doit permettre d'alimenter le ruban.

En ajoutant des rubans, il ne faut toutefois pas dépasser la puissance maximale du convertisseur, voire même laisser une petite marge de 10 % pour un fonctionnement optimal.

Les rubans les plus simples sont ceux qui procurent un éclairage blanc avec une seule température de couleur.

La commande du ruban s'effectue par un interrupteur classique commandant l'alimentation du convertisseur, un variateur, mais aussi fréquemment grâce à une télécommande radio (RF) ou infrarouge.

Pour pouvoir piloter le ruban de cette façon, ajoutez un contrôleur entre le secondaire de l'alimentation et le ruban. Le contrôleur doit

assurer la puissance nécessaire du ruban. Il est souvent donné pour une intensité maximale. Par exemple Imax 10 A. En 12 V la puissance disponible est de 10 × 12 soit 120 W et 240 W en 24 V. La télécommande agira sur le contrôleur pour permettre l'allumage et l'extinction, la variation de l'intensité, de la température de couleur (si le modèle le permet), des modes de fonctionnement automatiques, une commande sur plusieurs zones…

Pour pouvoir commander le ruban avec une télécommande, il doit être alimenté en permanence (branché sur une prise de courant ou interrupteur du circuit allumé).

Il existe des kits regroupant tous les éléments nécessaires. On peut trouver également des rubans monochromes en rouge, bleu ou vert.

Pour des effets de lumière, les rubans LED multicolores sont les plus appropriés. Il en existe une grande variété permettant d'obtenir toute teinte de lumière.

Les plus simples sont les rubans RGB (ou RVB). Ils sont équipés de LED SMD intégrant trois diodes de couleur : une rouge, une verte et une bleue (figure 45). Le mixage des trois permet d'obtenir des millions d'autres. Il permet également d'obtenir un blanc, un peu froid et bleuté. Pour permettre ces mélanges de couleur, on doit pouvoir commander indépendamment chaque couleur. Utilisez obligatoirement un contrôleur RGB avec une télécommande radio ou infrarouge. L'alimentation du ruban en sortie du contrôleur s'effectue par quatre conducteurs : un commun, un pour le rouge, un pour le bleu et un pour le vert. Ce type de ruban n'est pas recommandé comme éclairage principal, car le rendu de blanc n'est pas parfait. Il est plus indiqué quand on veut exploiter des décorations multicolores.

Les fabricants proposent d'autres types de rubans qui offrent une lumière blanche plus agréable en plus de la solution RGB.

Les rubans RGBW (red, green, blue, white) intègrent des LED SMD 4 en 1. En plus des diodes de couleurs, une diode bleue recouverte d'une couche de phosphore (jaune) permettant d'obtenir un blanc plus agréable. Une autre solution consiste à alterner des LED RGB et des LED blanches. On obtient ainsi un blanc plus puissant.

L'alimentation du ruban à la sortie du contrôleur se fait alors avec cinq fils : un commun, un pour le rouge, un pour le vert, un pour le bleu et un pour le blanc. Mais ces rubans proposent une seule teinte de blanc, que l'on peut faire varier en intensité, mais pas en température de couleur (du blanc froid au blanc chaud).

Les rubans RGBWW offrent cette option. Ils peuvent être constitués de LED SMD 5 en 1. Chaque module comprend une diode de

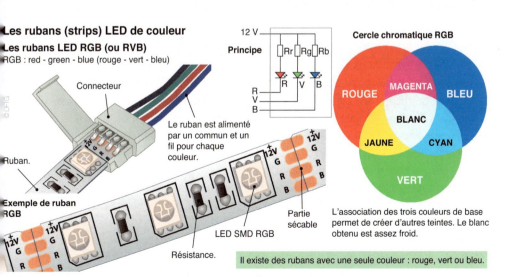

Les rubans (strips) LED de couleur
Les rubans LED RGB (ou RVB)
RGB : red - green - blue (rouge - vert - bleu)

Connecteur

Ruban.

Exemple de ruban RGB

Résistance.

LED SMD RGB

Partie sécable

12 V
Principe   Rr Rg Rb
R
V
B

Cercle chromatique RGB

ROUGE   MAGENTA   BLEU
BLANC
JAUNE   CYAN
VERT

L'association des trois couleurs de base permet de créer d'autres teintes. Le blanc obtenu est assez froid.

Le ruban est alimenté par un commun et un fil pour chaque couleur.

Il existe des rubans avec une seule couleur : rouge, vert ou bleu.

····▷ *Figure 45* : Le raccordement des rubans LED multicolores...

Les rubans LED RGBW et RBGWW (Attention : les rubans ne sont pas représentés à la même échelle.)

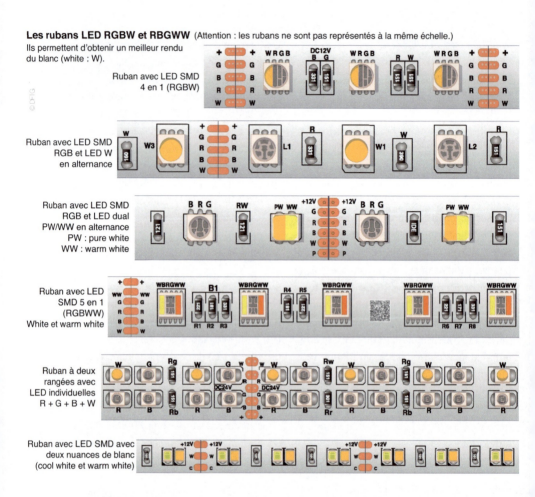

... *Figure 45* : Le raccordement des rubans LED multicolores ←-----

chaque couleur (RGB), une pour le blanc froid (ou le blanc neutre : pure white) et une pour le blanc chaud (warm white). L'autre solution pour des éclairages plus puissants consiste à alterner des LED RGB et des led dual (2 en 1) PW (pure white) et WW (warm white). Dans ce cas, l'alimentation s'effectue à la sortie du contrôleur avec six fils : un commun, un pour le rouge, un pour le vert, un pour le bleu, un pour le blanc pur et un pour le blanc chaud. Avec cette solution, en plus des couleurs, on peut jouer sur la température du blanc pour obtenir un éclairage adapté à ses désirs. On trouve également pour un éclairage plus traditionnel des rubans a deux nuances de blanc (CW). Ils alternent des LED SMD cool white et warm white. Ils sont donc pilotés par un contrôleur par l'intermédiaire de trois conducteurs : un commun, un pour le blanc chaud et un pour le blanc froid.

Lorsque qu'une puissance d'éclairage importante est requise, il existe des rubans plus larges avec plusieurs rangées de LED.

Chaque couleur est émise par sa propre LED : une rouge, une verte, une bleue et une blanche.

Le circuit est alimenté par un convertisseur en 12 ou 24 V (en courant continu) selon le type de ruban et d'une puissance adaptée. Il alimente ensuite un contrôleur adapté au type de ruban à contrôler (simple RGB ou système avec du blanc), de puissance adaptée à celle du ruban. Le ruban est raccordé par un connecteur (figure 46). Le contrôleur est associé à une télécommande

radio (ou infrarouge). Il permet l'allumage et l'extinction, l'éclairage avec couleur unique ou mélange des couleurs, le réglage de l'intensité (variation), des modes de défilement ou de changement de couleur automatique. Avec certains systèmes, on peut définir des zones et les contrôler indépendamment. Il est nécessaire d'utiliser plusieurs contrôleurs (un pour chaque zone) associés à la même télécommande.

Pour un ruban à deux teintes de blanc, la télécommande offre les mêmes fonctions

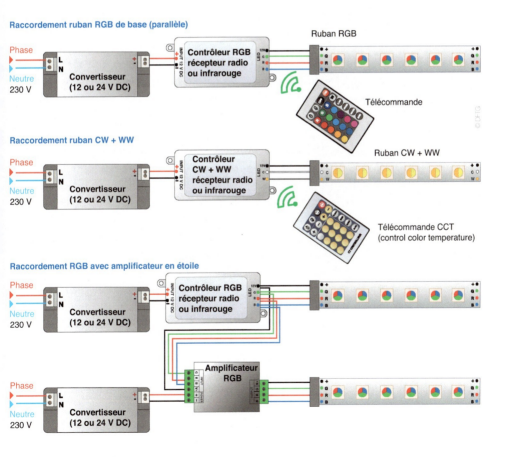

----> *Figure 46* : Le raccordement des rubans LED multicolores...

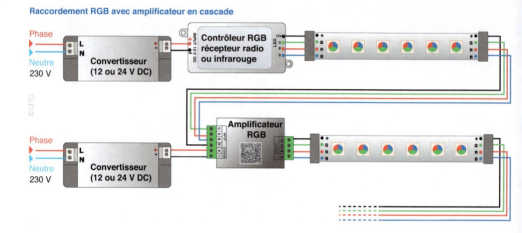

Raccordement RGB avec amplificateur en cascade

... Figure 46 : Le raccordement des rubans LED multicolores ←····

mais uniquement dans la gamme des blancs. Il se peut que vous désiriez étendre une installation de rubans LED existante. Le circuit prévu à l'origine disposait alors de son convertisseur et de son contrôleur de puissances adaptées au ruban à alimenter.

Une solution consiste à remplacer le convertisseur et le contrôleur par des appareillages de puissance supérieure permettant d'assurer l'alimentation de l'extension.

La seconde solution consiste à utiliser un amplificateur. Cet appareil doit être alimenté par un convertisseur de puissance adaptée à celle de l'extension. L'amplificateur doit également être choisi en fonction de la puissance. L'avantage de cette solution est que l'on conserve le même contrôleur qu'à l'origine avec sa télécommande. L'amplificateur peut être raccordé en étoile : à la sortie du contrôleur pour alimenter le nouveau ruban ou en cascade, c'est-à-dire dans le prolongement du dernier ruban existant pour alimenter les extensions. L'amplificateur dispose d'une entrée pour

l'alimentation en continu, une entrée pour les signaux du contrôleur (commun et RGB) et une sortie pour l'extension (commun et RGB).

Les solutions les plus évoluées permettent de contrôler les éclairages LED avec un smartphone. Le système nécessite une interface Wifi/radio (figure 47). L'interface de l'exemple proposé est alimentée par une prise USB à raccorder sur une box, un ordinateur ou sur le secteur avec un adaptateur. L'interface reçoit ses consignes via le Wifi pour piloter jusqu'à quatre zones d'éclairages LED par signaux radio. Bien sûr, les éclairages doivent être compatibles avec cette technologie. Il peut s'agir de lampes LED standard à commande radio, des lampes LED en 12 V à commande radio, des contrôleurs de rubans LED radio. Pour une compatibilité totale, vous devez choisir tous ces produits chez le même fabricant.

Il suffit ensuite de charger l'appli du fabricant sur son smartphone et de suivre les consignes de programmation du système.

Le pilotage d'éclairages LED via Wifi

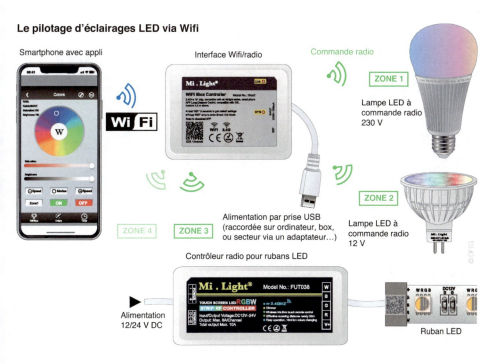

···⟩ *Figure 47* : Le pilotage d'éclairages LED via le Wifi

La variation des éclairages LED

Comme nous venons de le voir la commande de la variation des rubans LED est prévue dans de nombreux systèmes. Mais il est également possible de faire varier l'intensité d'un circuit de spots LED ou de rubans monochromes avec d'autres systèmes plus liés à l'installation électrique et fonctionnant sans matériels à ondes radio.

Pour les spots ou lampes LED alimentés en 230 V, il suffit de remplacer l'interrupteur de commande du circuit par un variateur (parfois appelé gradateur ou dimmer) adapté aux lampes LED et de choisir des ampoules portant la mention « dimmable », qui doit figurer sur l'emballage du produit. Les variateurs adaptés aux LED sont parfois appelés « toutes lampes » ou universels.

Le variateur fonctionne entre deux valeurs : une charge minimale et une maximale. La puissance du circuit de LED doit être comprise entre ces deux valeurs, par exemple plage de 3 à 75 W. Pour les LED, il peut y avoir un nombre maximal de lampes, si on se situe en-dessous de la charge maximale.

La plupart des variateurs permettent la mise en fonction, l'arrêt et la gradation du circuit d'éclairage.

Pour les autres types de circuits LED, notamment ceux alimentés par un transformateur, un convertisseur ou un driver, d'autres solutions sont possibles (figure 48).

Si le circuit est alimenté par un transformateur ferromagnétique 230/12 V alternatif,

Le matériel

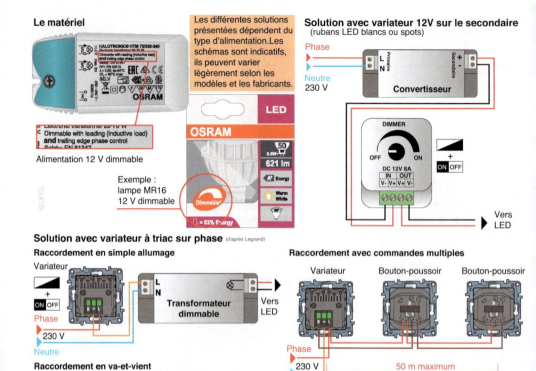

Les différentes solutions présentées dépendent du type d'alimentation.Les schémas sont indicatifs, ils peuvent varier légèrement selon les modèles et les fabricants.

Alimentation 12 V dimmable

Exemple :
lampe MR16
12 V dimmable

Solution avec variateur 12V sur le secondaire
(rubans LED blancs ou spots)

Solution avec variateur à triac sur phase (d'après Legrand)

Raccordement en simple allumage

Raccordement avec commandes multiples

Raccordement en va-et-vient

Solution par variation 1-10 V ou 0-10 V

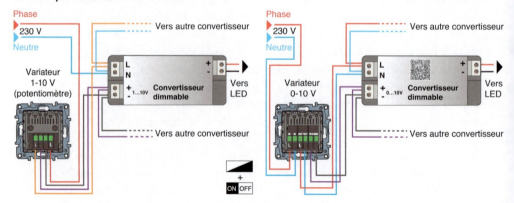

·····⟩ *Figure 48* : La variation des éclairages LED monochromes...

Principe de la technologie DALI (digital adressable lightning)
(ou interface d'éclairage adressable numériquement)

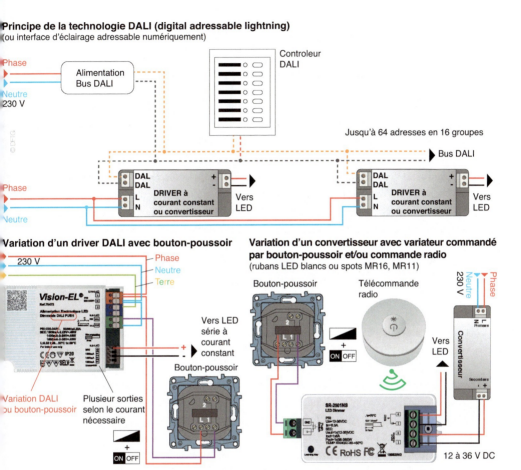

... *Figure 48* : La variation des éclairages LED monochromes ⟵......

vous pouvez utiliser un variateur comme précédemment (en remplacement de l'interrupteur). La plupart des variateurs permettent d'agir sur l'alimentation de ce type de transformateur. La plage de charge de fonctionnement est indiquée en VA au lieu de W.

Dans le cas de transformateurs électroniques alimentant des spots LED, ceux-ci doivent porter la mention « dimmable ». Utilisez un variateur universel (parfois

dénommé « à triac sur phase » ou « à coupure de phase » (leading edge sur le modèle de notre exemple) en remplacement de l'interrupteur. Il ne nécessite pas de neutre pour fonctionner. La phase se raccorde sur le plot L et la sortie (symbole variation) alimente le transformateur. Le neutre est relié directement au transformateur. Le variateur agit sur la phase.

Le système présenté permet également de créer un circuit en va-et-vient en ajoutant un simple bouton-poussoir au circuit. Ce dernier est raccordé sur la phase et la sortie B du variateur (dans notre exemple, peut être différent sur un autre modèle). Selon les systèmes, le bouton-poussoir permet uniquement les fonctions marche/arrêt ou également la variation en maintenant la touche enfoncée.

On peut ne pas se limiter à deux points de commande, mais ajouter des boutons supplémentaires qui seront repris en parallèle les uns sur les autres. Il suffit de ne pas dépasser une certaine distance entre le variateur et le poussoir le plus éloigné. Ces variateurs peuvent avoir des fonction mémoires, des extinctions progressives… selon les fabricants.

D'autres convertisseurs dimmables utilisent une variation 1-10 V ou 0-10 V. C'est un système simple et bon marché qui consiste à injecter un courant continu entre 0 et 10 V (ou 1 et 10 V) dans le convertisseur. Le potentiomètre du variateur assure la variation et module l'éclairage de façon proportionnelle. Le 0 ou 1 V correspond au niveau minimal d'éclairage, le 10 V à l'éclairage maximum. Il faut bien respecter la polarité (le plus et le moins) lors du raccordement. Le variateur doit intégrer un dispositif d'arrêt total. En revanche, avec ce système, un seul point de commande est possible, mais il peut faire varier plusieurs convertisseurs. La distance entre le variateur et le convertisseur ne doit pas être trop importante pour éviter les chutes de tension en ligne.

Selon les modèles, le variateur est alimenté par une phase et un neutre ou seule la phase transite par l'appareillage. La sortie de variation est repérée par un plus et un moins.

Pour les installations plus importantes et l'intégration à une installation de maison connectée, domotique ou de gestion technique du bâtiment, on peut utiliser la technologie DALI (digital adressable lightning, ou interface d'éclairage adressable numériquement). Il s'agit d'une norme internationale qui définit un système de communication entre les éclairages et les commandes. Le système est composé d'une alimentation, d'un contrôleur et d'un BUS d'information. Le BUS est un circuit à deux fils qui permet aux différents éléments du circuit de communiquer entre eux. Le contrôleur permet d'agir individuellement sur chaque appareillage ou groupe d'appareillages relié au bus. Le système peut gérer jusqu'à 64 adresses (appareillages) en 16 groupes. Dans notre cas, le BUS DALI se raccorde sur les drivers à courant constant ou les convertisseurs du circuit d'éclairage. Ils possèdent leur propre alimentation en 230 V et leur sortie au secondaire pour raccorder l'éclairage. Ce sont des alimentations plutôt haut de gamme.

Si le système peut paraître disproportionné pour une habitation, ce type d'alimentation compatible DALI peut également être utilisé avec d'autres solutions comme un simple bouton-poussoir (indication dimmable DALI PUSH dans notre exemple). Le driver est alimenté en 230 V avec phase neutre et terre. Le neutre est raccordé également sur le plot DALI N. La phase est redirigée vers un bouton-poussoir. En sortie du bouton, le conducteur est relié au plot DALI L. Le bouton-poussoir permet de commander la variation du circuit, et les fonctions marche/arrêt. Le système est extrêmement simple. On trouve des variateurs à courant continu que l'on peut raccorder au secondaire d'un convertisseur. Ils ne nécessitent pas un convertisseur dimmable. Ils s'intercalent entre le secondaire en 12 V continu du convertisseur et l'éclairage LED (spots ou ruban monochrome). Il est nécessaire de bien respecter la polarité des raccordements. La variation se fait par un bouton rotatif.

D'autres systèmes installés dans les mêmes conditions sont pilotables par une télécommande radio ou par un bouton-poussoir raccordé sur les bornes dédiées.

Comme on peut le constater, il existe de nombreuses solutions pour faire varier des éclairages LED. Choisissez le système le mieux adapté à votre installation et des produits compatibles avec le principe de variation choisi.

L'installation de spots encastrés

Avant d'installer des spots encastrés dans un faux-plafond ou un coffrage, assurez-vous d'avoir une alimentation disponible.

Avec un faux-plafond non démontable, une alimentation doit être installée avant la réalisation du faux-plafond et au moins un trou de spot réalisé lors de la pose pour récupérer le câble. Après la pose du faux-plafond, il vous faudra aiguiller une alimentation depuis un mur, par exemple. Vous devez percer un passage au niveau de l'arrivée dans le plafond et un premier trou de spot le plus proche possible de cette arrivée. Ensuite, utilisez une aiguille pour passer le câble entre le mur et le spot. Vous pouvez guider l'aiguille avec un couvercle de moulure. L'opération sera néanmoins assez difficile.

Les trous pour les spots dans la plaque de plâtre doivent être réalisés avec une scie cloche d'un diamètre adapté à celui des spots (figure 49). Respectez les distances minimales entre les spots, choisissez la répartition la plus judicieuse pour obtenir un éclairage performant et uniforme ou dirigé sur les éléments à éclairer. Il existe des spots fixes avec le flux lumineux dirigé uniquement vers le bas et des modèles orientables pour

1 Tracez l'emplacement des spots, puis percez le faux-plafond avec une scie cloche d'un diamètre adapté à celui des spots (voir notice).

2 Il est nécessaire de disposer d'une alimentation (230 V). Récupérez une alimentation existante, ou passez-en une nouvelle (si cela est possible).

····▷ *Figure 49* : La pose de spots encastrés...

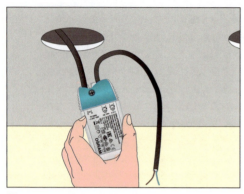

③ Coupez le courant (si l'alimentaion est sous tension). Raccordez l'alimentation sur l'arrivée et un départ en 12 V pour le premier spot.

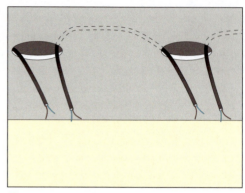

④ Passez des câbles d'alimentation de spot en spot ou utilisez les câbles avec connecteurs fournis.

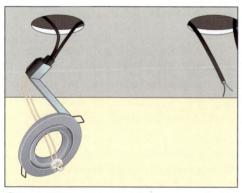

⑤ Raccordez les spots dans les boîtiers de connexion (selon les modèles).

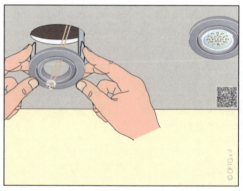

⑥ Encatrez les spots en appuyant sur les ressorts de fixation, puis posez les lampes (retenues avec un ressort).

... Figure 49 : La pose de spots encastrés ⬅···

diriger la lumière sur un tableau, par exemple. Récupérez le câble d'alimentation au niveau d'un premier spot. Ce câble ne doit pas être sous tension. Comme toujours, coupez le courant. Pour des spots alimentés en 230 V, passez des câbles de trou en trou. Pour des spots alimentés par un driver ou un convertisseur, raccordez-le au câble d'alimentation, puis un second câble à la sortie du secondaire (ou utilisez le kit de raccordement prévu). Passez les alimentations des autres spots de trou en trou. Le module d'alimentation est prévu pour se glisser dans le faux-plafond par le trou d'un

spot. Glissez-le et éloignez-le du premier spot. Raccordez les spots dans leurs boîtiers de raccordement.

Faites pression sur les ressorts de fixation du spot pour les glisser dans le percement, ils viendront se coincer automatiquement au dos de la plaque de plâtre.

Déposez les ressorts circlips de maintien de la lampe. Raccordez-la sur la douille (ou le connecteur sur le connecteur d'alimentation). Poussez la lampe au fond du spot, puis reposez le ressort pour la maintenir. Remettez le courant, puis vérifiez le fonctionnement.

Les lampes LED chauffent moins que les lampes à incandescence, mais elles produisent quand même de la chaleur. Ce type de lampe ne supporte pas non plus de fonctionner à des températures trop élevées. Nous avons vu que les fabricants de spots préconisent des hauteurs minimales à respecter entre le spot et le plafond existant afin de permettre la bonne ventilation de la lampe. Le problème devient particulièrement important lorsque le faux-plafond est occupé par un isolant thermique. Il empêche la chaleur de la lampe de se dissiper et peut mettre l'éclairage en surchauffe.

C'est pourquoi les fabricants proposent des cloches pour éloigner l'isolant du spot (figure 50). Il peut s'agir de simples modèles à ailettes dont certaines sont découpables pour passer le câble d'alimentation et les ressorts du spot. Vous devez utiliser une cloche adaptée au diamètre de votre spot, à sa puissance et d'une hauteur représentant au moins la hauteur minimale indiquée par le fabricant de spot. On pose la cloche dans le trou du spot en comprimant les ailettes. Celles-ci se fixent de part et d'autre de la plaque de plâtre. On pose ensuite le spot, puis on raccorde la lampe. Ce système peut être utilisé avec un isolant incombustible associé à une membrane pare-vapeur (incombustible elle aussi). La cloche repousse l'isolant vers le haut sans nuire à ses performances. Il ne faut pas percer le pare-vapeur afin de conserver l'étanchéité à l'air. Évitez cette solution d'éclairage avec un isolant en flocons projetés qui enfermeraient le spot dans la cloche et le priverait de toute aération.

Dans le neuf, pour respecter la dernière réglementation thermique, on ne doit pas créer de fuites d'air avec les appareillages électriques. C'est pourquoi on utilise dans les parois isolées des boîtiers étanches. Pour l'installation de spots dans un plafond isolé, on doit respecter les mêmes mesures.

Il existe des cloches étanches. Elles sont en polymère souple (pour pouvoir les introduire par le trou), d'une lèvre pour prendre appui sur la plaque de plâtre et d'entrées défonçables pour passer la gaine d'alimentation. Ce type de cloche doit être associé à un

L'encastrement de spots dans des plafonds avec isolant
Système de cloche rigide
Pour isolation avec membrane pare-vapeur

Découpe pour passage de l'alimentation

Hauteur de la cloche selon caractéristiques d'encastrement du spot

Mise en place en comprimant les ailettes

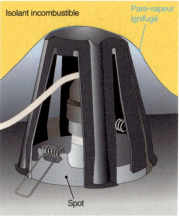

Isolant incombustible

Pare-vapeur ignifugé

Spot

Figure 50 : L'encastrement des spots dans les plafonds isolés...

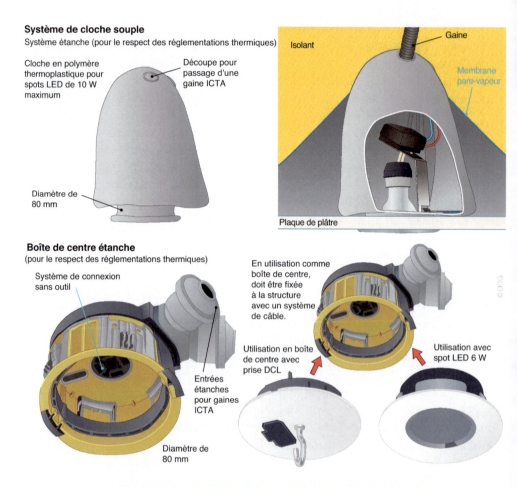

Système de cloche souple

Système étanche (pour le respect des réglementations thermiques)

Cloche en polymère thermoplastique pour spots LED de 10 W maximum

Découpe pour passage d'une gaine ICTA

Diamètre de 80 mm

Isolant

Gaine

Membrane pare-vapeur

Plaque de plâtre

Boîte de centre étanche
(pour le respect des réglementations thermiques)

Système de connexion sans outil

En utilisation comme boîte de centre, doit être fixée à la structure avec un système de câble.

Utilisation en boîte de centre avec prise DCL

Utilisation avec spot LED 6 W

Entrées étanches pour gaines ICTA

Diamètre de 80 mm

... Figure 50 : L'encastrement des spots dans les plafonds isolés ←···

spot compatible. La puissance de la lampe est limitée afin qu'il ne se produise pas de surchauffe. Elle peut être utilisée avec une isolation projetée.

Legrand commercialise une boîte de centre étanche à connexion rapide sans outil qui permet d'installer directement un spot LED en lieu et place d'un capot avec crochet et prise DCL pour luminaire. Deux entrées étanches pour gaine électrique permettent le repiquage de spot en spot. Cette boîte doit être fixée à la structure du bâtiment lorsqu'elle sert de point de suspension pour un lustre, ce qui n'est pas utile juste pour un spot. Ce peut être une alternative pour ne pas dégrader l'isolation dans un faux-plafond. Le spot à une puissance de 6 W et un sélecteur blanc froid/blanc chaud.

Les alimentations (transformateur, convertisseur, driver) chauffent également et ne doivent pas non plus être recouverts d'isolant. Il est impératif de trouver une solution pour surélever l'isolant au-dessus de l'appareillage (une autre cloche à ailettes, par exemple) ou le placer en dehors du faux-plafond quand c'est possible.

8 Le chauffage électrique

Dans une habitation équipée d'un chauffage électrique, il peut être nécessaire, après plusieurs années d'utilisation, de remplacer des appareils par des modèles plus performants ou plus décoratifs. Si le chauffage utilise une autre énergie, il n'est pas rare d'installer un chauffage électrique d'appoint dans la salle de bains, par exemple, pour la mi-saison en attendant de remettre en route le chauffage central.

Un appareil de chauffage électrique doit être alimenté par une ligne dédiée provenant directement du tableau de protection. La section des conducteurs utilisés dépend de la puissance de l'appareil (1,5 mm² et disjoncteur de 16 A pour 3500 W maximum de puissance). On passe généralement quatre conducteurs : phase, neutre, terre et fil pilote (pour raccordement d'une régulation). La terre si elle n'est pas utilisée (appareil de classe II), doit être laissée en attente dans la boîte de connexion.

Deux appareils situés dans la même pièce peuvent être alimentés par le même circuit si les conducteurs sont de section adaptée. C'est une possibilité pour se reprendre, sans avoir à tirer une nouvelle ligne, pour alimenter un nouvel appareil.

En rénovation, si les travaux sont trop conséquents, on se reprend parfois sur une prise de courant. L'appareil doit être de faible puissance et le circuit adapté pour supporter la surcharge, mais ce n'est pas une solution très recommandée.

Il existe plusieurs types d'appareils de chauffage électrique. L'émission de chaleur par l'électricité est rendue possible par le passage du courant dans un élément résistant. L'énergie électrique se transforme en énergie calorifique. Trois principes de chauffage sont possibles avec l'électricité : la conduction, la convection et le rayonnement. La conduction est la transmission de la chaleur à travers un corps de offrant une grande conductivité thermique. Ce principe n'est pas utilisé pour le chauffage des locaux. La convection est caractérisée par la transmission de la chaleur grâce au déplacement d'un fluide (liquide ou air) chauffé par une résistance électrique. C'est le principe du convecteur (figure 51), l'appareil de chauffage le plus simple et le moins cher à l'installation.

Le rayonnement consiste à transmettre la chaleur par des radiations visibles ou invisibles (le soleil est le meilleur exemple). C'est la technologie utilisée dans les panneaux rayonnants.

Tous les types de chauffages électriques utilisent ces ces deux procédés. Les sèche-

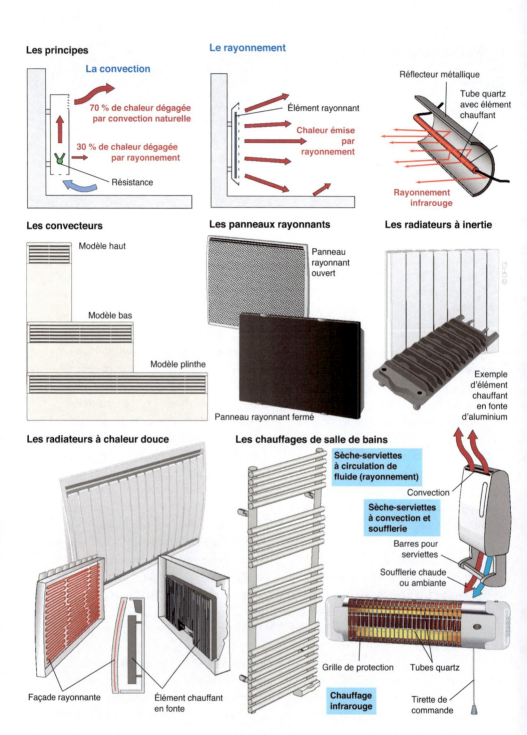

Les principes

La convection

70 % de chaleur dégagée par convection naturelle

30 % de chaleur dégagée par rayonnement

Résistance

Le rayonnement

Élément rayonnant

Chaleur émise par rayonnement

Réflecteur métallique

Tube quartz avec élément chauffant

Rayonnement infrarouge

Les convecteurs

Modèle haut

Modèle bas

Modèle plinthe

Les panneaux rayonnants

Panneau rayonnant ouvert

Panneau rayonnant fermé

Les radiateurs à inertie

©DFIG

Exemple d'élément chauffant en fonte d'aluminium

Les radiateurs à chaleur douce

Façade rayonnante

Élément chauffant en fonte

Les chauffages de salle de bains

Sèche-serviettes à circulation de fluide (rayonnement)

Sèche-serviettes à convection et soufflerie

Convection

Barres pour serviettes

Soufflerie chaude ou ambiante

Grille de protection

Tubes quartz

Chauffage infrarouge

Tirette de commande

Figure 51 : Le chauffage électrique

serviettes électriques peuvent être à circulation de fluide (chaleur par rayonnement) ou combiner les modes (soufflerie et convection). Les systèmes soufflants reposent sur le principe de la convection forcée.

Les convecteurs sont disponibles sous différentes formes, du modèle plinthe au modèle haut et étroit. Les appareils récents sont équipés de régulations beaucoup plus performantes que les anciens modèles qui avaient mauvaise réputation. Leur défaut est de créer des courants d'airs provoqués par la convection qui ont tendance à accumuler l'air en partie haute de la pièce et à déplacer la poussière (traces sur les murs).

Les panneaux rayonnant n'ont pas ces défauts. Ils chauffent les meubles, les murs et les corps principalement par rayonnement. Seule une petite partie de la chaleur est transmise par convection. Ils apportent une sensation de confort plus rapide, mais pour une même puissance, les appareils sont plus volumineux que les convecteurs. Ils peuvent avoir une façade ouverte (grille) ou fermée, par exemple par une plaque de verre. Plus esthétiques que les convecteurs, ils sont aussi plus chers.

Les fabricants proposent de nouveaux modèles pour augmenter les performances et le confort. Les radiateurs à inertie, qui fonctionnent sur le principe de la convection, sont équipés d'une résistance noyée dans un bloc de fonte d'aluminium qui leur permet d'émettre encore de la chaleur après que le thermostat ait coupé l'alimentation. Les modèles à chaleur douce combinent une technologie de panneau rayonnant et de radiateur à inertie.

Pour la salle de bains, les systèmes les plus anciens sont les réglettes infrarouge. Elles sont bon marché, très efficaces et chauffent rapidement. Cependant elles constituent seulement un appoint et ne doivent pas fonctionner en permanence.
Elles ne possèdent pas de thermostat. On les actionne avec une tirette. En effet, l'appareil peut être très chaud, c'est pourquoi on doit toujours l'installer en hauteur (au-dessus de la porte de la salle de bains, par exemple). Les modèles les plus esthétiques sont les sèche-serviette à circulation de fluide caloporteur. De nombreux modèles aux formes et aux couleurs variées sont disponibles. Cependant, ils restent assez chers. Les fabricants proposent d'autres modèles combinant convection et soufflerie.

» Raccorder un appareil de chauffage

Raccorder un appareil de chauffage n'est pas très compliqué. Attention, la connexion dans une prise de courant n'est pas autorisée. Elle doit s'effectuer dans une boîte de raccordement munie d'une plaque de sortie de câble, installée de préférence derrière l'appareil. Dans la salle de bains cela est obligatoire.
Pour une boîte encastrée, vous pouvez adopter les solutions présentées pour les prises de courant.
Consultez la notice de l'appareil et respectez les recommandations du fabricant. Les appareils de chauffage électrique ne doivent pas être posés au ras du sol, pour conserver une circulation d'air dans ou derrière l'appareil. Une hauteur minimale de 10 à 15 cm est souvent recommandée. Les sèches-serviettes tubulaires doivent être installés plus haut. Une fois l'emplacement défini et l'alimentation électrique réalisée, posez le dosseret de

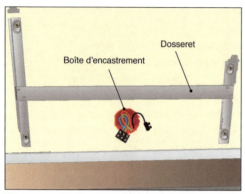

① L'arrivée électrique doit se situer derrière l'appareil. Fixez le dosseret à la hauteur recommandée par le fabricant.

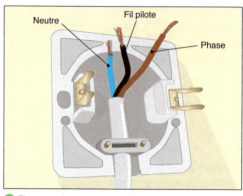

② Fixez une plaque sortie de câble sur la boîte de connexion. Le fil pilote est utilisé pour le raccordement sur un programmateur.

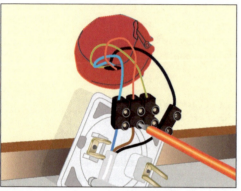

③ Coupez le courant, puis raccordez le convecteur. La terre n'est pas raccordée si l'appareil est de classe II. Le fil pilote n'est pas raccordé (mais isolé) s'il n'y a pas de programmation.

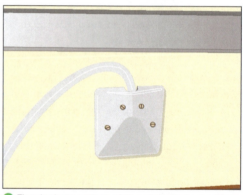

④ Fixez la plaque sortie de câble sur la boîte de connexion.

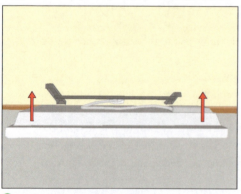

⑤ Présentez le convecteur sur les ergots bas du dosseret, arrangez le câble d'alimentation, puis faites pivoter l'appareil sur le haut du dosseret jusqu'à fixation.

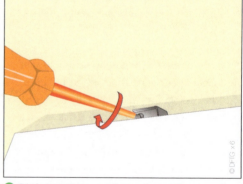

⑥ Généralement, le convecteur se fixe par clipsage sur le dosseret. Verrouillez ensuite la ou les sécurités de fixation au moyen d'un tournevis.

⋯⋯⟩ *Figure 52* : L'installation d'un convecteur

l'appareil au mur avec des vis et des chevilles adaptées à la nature du mur (figure 52). Posez un niveau sur le dosseret pour tracer les percements afin que l'appareil soit bien de niveau. Dans une salle de bains, si vous devez percer le carrelage, utilisez un foret à béton, sans percussion le temps de traverser le carreau. En utilisant la percussion dès le départ, vous risquez de fendre le carreau.

Montez une sortie de câble sur le câble d'alimentation de l'appareil et serrez la gaine dans le serre-câble.

Raccordez l'appareil sur l'arrivée électrique (courant coupé au disjoncteur général). La terre n'est pas raccordée si l'appareil est de classe II. Le fil pilote (généralement de couleur noire) doit également être laissé en attente si l'alimentation n'en est pas pourvue. Ils sont néanmoins isolés (avec un domino).

Posez la plaque sortie de câble sur le boîtier. Montez l'appareil sur les encoches basses du dosseret, puis faites-le pivoter pour l'enclencher dans les ressorts. La fixation peut ensuite être verrouillée avec des vis quart de tour. Les appareils de chauffage électrique peuvent également être connectés. Il peut s'agir de radiateurs, de systèmes de raccordement pour des appareils classiques, ou de systèmes de programmation. Il est ainsi possible de programmer les appareils, de connaître la consommation… de son smartphone ou de sa tablette, en local ou à distance. Selon les fabricants et les gammes de produits connectés, il est possible d'associer d'autres appareils comme un chauffe-eau thermodynamique, une ventilation, une PAC ou tout autre appareil ou appareillage connecté compatible.

» Le chauffage connecté

Les appareils de chauffage électrique connectés sont proposés par plusieurs fabricants (figure 53). Dans l'exemple présenté, l'appareil peut être alimenté par une ligne

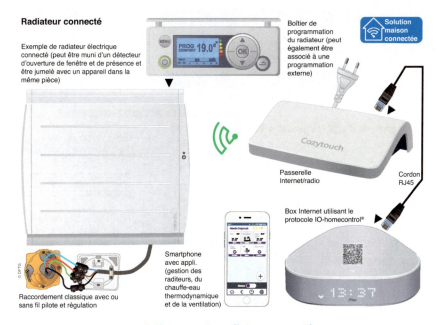

Radiateur connecté

Exemple de radiateur électrique connecté (peut être muni d'un détecteur d'ouverture de fenêtre et de présence et être jumelé avec un appareil dans la même pièce)

PROG 19.0°
COMFORT

Boîtier de programmation du radiateur (peut également être associé à une programmation externe)

Solution maison connectée

Cozytouch

Passerelle Internet/radio

Cordon RJ45

Box Internet utilisant le protocole IO-homecontrol®

Smartphone avec appli. (gestion des radiateurs, du chauffe-eau thermodynamique et de la ventilation)

Raccordement classique avec ou sans fil pilote et régulation

13:37

Figure 53 : Le radiateur connecté

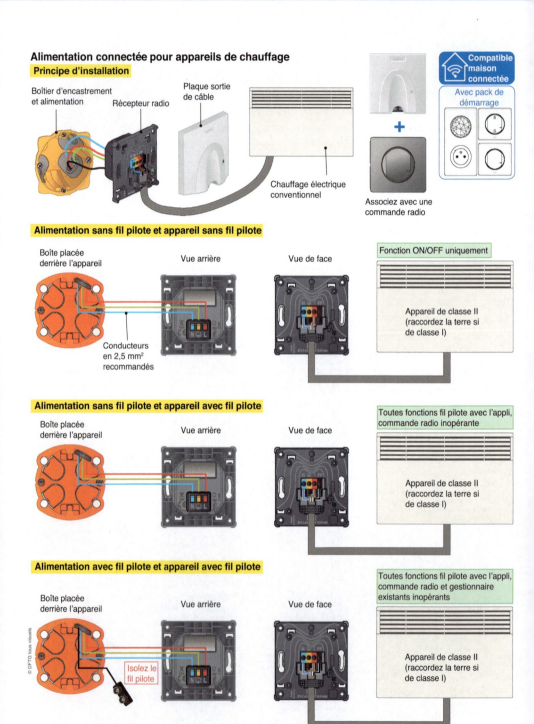

avec ou sans fil pilote (rénovation en changeant uniquement les appareils). Il est doté de son propre boîtier de programmation et d'un récepteur radio pour une commande à distance. Il peut posséder un détecteur d'ouverture de fenêtre (qui le met en arrêt momentanément), d'un détecteur de présence pour fonctionner en mode confort uniquement quand la pièce est occupée ou être associé à un programmateur pour une installation récente avec fil pilote. Il peut également être associé avec un autre appareil situé dans la même pièce avec une programmation commune (maître/esclave).

Le système comporte une passerelle Internet/radio à raccorder sur votre box avec un cordon RJ45. Une appli permet de programmer et de contrôler tous les appareils de l'habitation.

Une autre solution (proposée par un autre fabricant) consiste à utiliser des sorties de câble connectées (figure 54). Elles peuvent être associées avec d'autres appareillages pour une installation connectée. Elles nécessitent un pack de démarrage du fabricant (prise passerelle wifi/radio et commandes de base).

Ces sorties de fil récepteur radio peuvent commander des appareils jusqu'à 3 000 W (protection par un disjoncteur 16 A) et peuvent commander d'autres équipements éventuels.

Dans le cas d'un chauffage électrique, la sortie de fil peut être utilisée dans plusieurs cas de figure. Le premier est une alimentation sans fil pilote avec un appareil de chauffage sans fil pilote. Associée à un interrupteur émetteur radio extraplat et à l'appli pour smartphone, vous pouvez commander la marche et l'arrêt de l'appareil et mesurer les consommations.

Avec une alimentation sans fil pilote et avec un appareil à fil pilote, vous pouvez utiliser toutes les fonctions du fil pilote avec l'appli et connaître les consommations. La commande émetteur est inopérante.

Avec une alimentation à fil pilote, programmation existante et appareil à fil pilote, il faut isoler le fil pilote de l'alimentation et raccorder l'appareil comme précédemment. Le programmateur de chauffage sera rendu inopérant, la gestion du chauffage s'effectuant depuis le smartphone avec l'appli.

La sortie de fil connectée se raccorde sur l'alimentation sur la face arrière. À l'avant se raccorde le câble du chauffage sur les plots correspondants, assuré par un serre-câble. Une plaque de finition est installée sur la sortie de fil.

Un autre système permet de conserver tous les éléments existants. Même en cas d'alimentations sans fil pilote, il est possible de remplacer les appareils par des modèles à fil pilote pour pouvoir les intégrer au système connecté.

Pouvant être groupée avec d'autres appareillages du système connecté, cette solution nécessite une passerelle Internet/radio reliée à la box avec un cordon RJ45 et une application pour le smartphone ou une tablette (figure 55).

Au niveau de la sortie de fil d'alimentation de l'appareil de chauffage, on intercale un boîtier récepteur radio. Il est alimenté par le circuit existant et transmet ses ordres par le fil pilote. Le boîtier se pose au mur, derrière le convecteur, en laissant dépasser l'antenne radio. Les appareils de chauffage pourront être gérés en local ou à distance via smartphone.

Alimentation connectée pour installation sans fil pilote

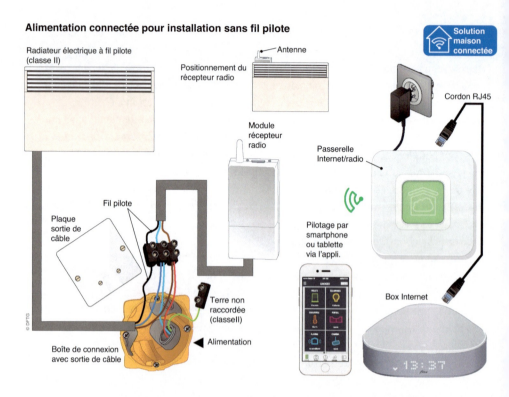

⤑ *Figure 55* : Alimentation connectée pour installation sans fil pilote

Il est également possible de rendre connecté un chauffage à eau chaude : chaudière, pompe à chaleur... La solution la plus récente est le thermostat connecté (figure 56). De nombreux fabricants proposent ce type d'équipement. Il peut s'agir d'un thermostat filaire, en remplacement d'un modèle existant, par exemple. Il est pourvu d'un contact sec. Il est programmable mais peut également être piloté en local ou à distance via smartphone ou tablette et une appli. Dans notre exemple, le système de base consiste en une passerelle Internet/radio reliée à la box avec un cordon RJ45.

Une autre solution (avec le même équipement de base) consiste à utiliser un ther-mostat connecté sans fil. Il va commander par radio un actionneur récepteur radio. Il existe plusieurs types d'actionneurs selon l'élément à piloter.

L'alimentation de l'actionneur pour une chaudière ou une PAC non réversible peut être reprise sur celle de la chaudière. Son câble comporte des conducteurs supplémentaires pour le raccordement du contact du thermostat.

Il est également possible de commander une vanne motorisée sur le circuit de chauffage (circuit de radiateurs ou de chauffage au sol). Enfin des modèles sont spécifiquement destinés au pilotage des PAC réversibles.

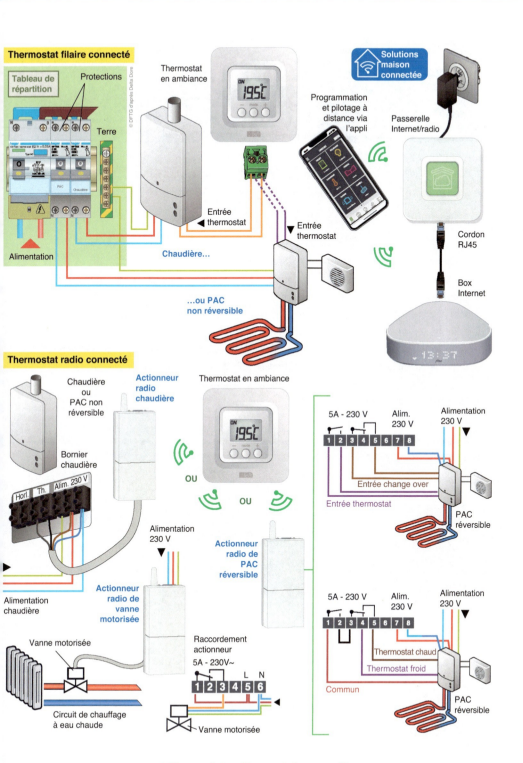

Thermostat filaire connecté

Tableau de répartition

Protections

Terre

© DFTG d'après Delta Dore

Thermostat en ambiance

Solutions maison connectée

Programmation et pilotage à distance via l'appli

Passerelle Internet/radio

Entrée thermostat

Entrée thermostat

Chaudière...

Cordon RJ45

Box Internet

Alimentation

...ou PAC non réversible

13:37

Thermostat radio connecté

Chaudière ou PAC non réversible

Actionneur radio chaudière

Thermostat en ambiance

5A - 230 V   Alim. 230 V   Alimentation 230 V

1 2 3 4 5 6 7 8

Entrée change over

Entrée thermostat

PAC réversible

Bornier chaudière

OU

OU

Horl. | Th. | Alim. 230 V

Alimentation 230 V

Actionneur radio de PAC réversible

Alimentation chaudière

Actionneur radio de vanne motorisée

Vanne motorisée

Raccordement actionneur 5A - 230V~

L N
1 2 3 4 5 6

Circuit de chauffage à eau chaude

Vanne motorisée

5A - 230 V   Alim. 230 V   Alimentation 230 V

1 2 3 4 5 6 7 8

Thermostat chaud

Thermostat froid

Commun

PAC réversible

⋯⋯▷ *Figure 56* : Les thermostats connectés

9 La sécurité dans les pièces humides

L'installation électrique est très réglementée dans les pièces contenant une douche ou une baignoire afin d'éviter tout risque d'accident. La norme a défini des volumes autour des appareils sanitaires où l'implantation des éléments électriques est très restrictive.

Ces mesures concernent tout local comportant une douche ou une baignoire, y compris une chambre équipée d'une cabine de douche préfabriquée, par exemple. Quatre volumes sont prévus (figure 53). Les zones situées en dehors sont dites hors volumes ; les règles y sont moins strictes. Les volumes diffèrent selon que le sanitaire est matérialisé ou non.

Pour les baignoires et les douches avec receveur, le volume 0 correspond à l'intérieur du receveur de douche ou de la baignoire.

Le volume 1 est défini par un plan vertical délimité par les bords extérieurs de la baignoire ou du receveur et un plan horizontal situé à 2,25 m au-dessus du sol (ou

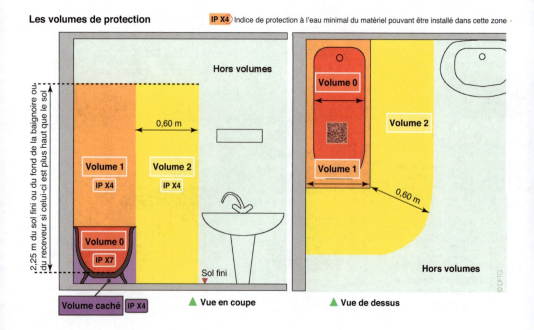

Les volumes de protection   IP X4 Indice de protection à l'eau minimal du matériel pouvant être installé dans cette zone

Figure 57 : La sécurité dans la salle de bains...

Les règles d'installation selon les volumes   🔴 Interdit   🟢 Autorisé

Volumes de la salle d'eau		0	1	2	Volume caché
Degré de protection contre l'eau requis (IP)		7	4*	4*	4
Matériels	**Protections requises**				
Interrupteur (230 V)	Dispositif différentiel 30 mA ou transformateur de séparation (TRS)	🔴	🔴	🔴	🔴
Interrupteur en TBTS**	Le transformateur doit être situé en dehors des volumes 1 et 2	🔴	🟢	🟢	🔴
Prise rasoir de 20 à 50 VA	Protégé par un transforamteur de séparation des circuits (TRS)	🔴	🔴	🟢	🔴
Prise de courant 230 V 2P + terre	Dispositif différentiel 30 mA ou transformateur de séparation	🔴	🔴	🔴	🔴
Canalisations électriques	Canalisation de classe II alimentant des appareils situés dans ces volumes	🔴	🟢	🟢	🟢
Boîtes de connexions	Uniquement celles alimentant des appareils dans le même volume	🔴	🔴	🔴	🟢
Boîtes de luminaires DCL	Protection IP X4 à respecter (obturateur, luminaire ou douille)	🔴	🔴	🔴	🔴
Prise de communication (RJ45)	Protection IP X4 à respecter (obturateur, luminaire ou douille)	🔴	🔴	🔴	🔴
Appareil de chauffage de classe I	Raccordement à la terre et dispositif différentiel 30 mA	🔴	🔴	🔴	🔴
Appareil de chauffage de classe II ▢	Pas de raccordement à la terre et dispositif différentiel 30 mA	🔴	🔴	🟢	🔴
Armoire de toilette de classe II ▢	Pas de raccordement à la terre, dispositif différentiel 30 mA, prise TRS	🔴	🔴	🟢	🔴
Éclairage en TBTS**	Doit être prévu pour cette utilisation, transformateur hors volumes 1 et 2	🟢	🟢	🟢	🟢
Éclairage de classe I	Raccordement à la terre et dispositif différentiel 30 mA	🔴	🔴	🔴	🔴
Éclairage de classe II ▢	Pas de raccordement à la terre et dispositif différentiel 30 mA	🔴	🟢	🟢	🟢
Chauffe-eau vertical de classe I	Uniquement si l'installation hors volumes est impossible, raccordement à la terre, dispositif différentiel 30 mA, boîte de connexion respectant l'IP, liaison la plus courte possible	🔴	🔴	🟢	🔴
Chauffe-eau horizontal de classe I	Mêmes règles et en volume 1 doit en plus être installé le plus haut possible	🔴	🟢	🟢	🔴

* IP X5 en présence de jets de massage horizontaux d'hydrothérapie.
** TBTS très basse tension de sécurité : 12 V maximun en courant alternatif ou 30 V en courant continu.

Tous les circuits situés dans des locaux accueillant une douche ou une baignoire doivent être protégés à leur origine par un ou plusieurs dispositifs différentiels à courant résiduel de 30 mA.

... Figure 57 : La sécurité dans la salle de bains ←

du fond de la baignoire s'il se situe plus haut que le sol fini) ou par un plan horizontal situé au-dessus du volume 0 et à 2,25 m au-dessus du bord de la baignoire quand celle-ci est au raz du sol (cas d'une baignoire encastrée dans une estrade, par exemple).

Pour les douches sans receveur (douche de plain pied ou à l'italienne), le volume 0 est délimité par le fond de la partie douche (pour le bas) et en partie haute par un plan horizontal situé à 10 cm du point le plus haut de la douche (pente d'évacuation). Latéralement, il correspond aux limites du volume 1. Le volume 1 est défini latéralement par un cylindre d'un rayon de 1,20 m dont l'axe passe par un point de référence différent selon le type de douchette.

Dans le cas d'une douchette montée sur un flexible, le point de référence du cylindre est le point de raccordement du flexible à la robinetterie. Si la douchette a une tête fixe, le point de référence est son centre. Sur le plan horizontal, le volume 1 est défini en partie basse par le haut du volume 0. En partie haute, on prend en compte le plan vertical le plus élevé. Soit une hauteur de 2,25 m du sol fini ou du fond de la douche, s'il est plus élevé que le sol fini, soit en cas de pomme de douche à tête fixe située au-dessus de 2,25 m du sol fini, le plan horizontal passant par cette pomme. Dans tous les cas, le volume 2 est délimité par :
– la surface verticale extérieure du volume 1 et une surface parallèle à celle-ci et distante de 0,60 m ;

– un plan horizontal aligné sur le haut du volume 1 et le sol fini.

Le volume caché est le volume accessible situé sous la baignoire, le spa ou la douche.

Le reste de la pièce ne faisant pas partie de ces volumes est dit hors volumes et n'est pas soumis à restrictions.

Les volumes 1 et 2 peuvent être limités par des parois fixes jointives au sol et d'une hauteur supérieure ou égale au volume.

Selon les volumes, les matériels électriques installés doivent avoir un degré de protection minimal contre les projections d'eau. Cette caractéristique (IP XX) est indiquée sur les appareillages.

Tout circuit électrique de la salle de bains doit être protégé en amont (dans le tableau de protection) par un ou plusieurs dispositifs différentiels haute sensibilité (interrupteur différentiel 30 mA, par exemple).

Dans le volume 0, le matériel doit posséder un degré de protection IP X7. Aucun appareillage n'y est autorisé. Une canalisation peut le traverser, uniquement si elle alimente un matériel situé dans ce volume et si elle est alimentée en TBTS (très basse tension de sécurité : 12 V en alternatif). Seuls les matériels d'utilisation alimentés en TBTS sont autorisés si leur alimentation est située en dehors des volumes 0, 1, 2 et caché. Les boîtes de connexion sont interdites ainsi que toute trappe pouvant donner accès à un matériel électrique.

Dans le volume 1, le matériel doit posséder un degré de protection IP X4 ou 5 (présence de jets horizontaux). Les dispositifs de commande en TBTS sont autorisés uniquement si leur alimentation est située en dehors des volumes 0, 1, 2 et caché. Une canalisation est autorisée, uniquement si elle alimente un appareil situé dans ce volume. Seuls les matériels alimentés en TBTS sont autorisés si leur alimentation est située en dehors des volumes 0, 1, 2 et caché. Les boîtes de connexion sont interdites ainsi que toute trappe pouvant donner accès à un matériel électrique. Un chauffe-eau électrique à accumulation est autorisé si les dimensions du local ne permettent pas de l'installer hors volumes. Ce doit être un modèle horizontal, installé le plus haut possible, alimenté par l'intermédiaire d'une boîte de connexion respectant le degré de protection du volume et la liaison doit être la plus courte possible. Les circuits des chauffe-eau doivent être protégés en amont par un dispositif différentiel haute sensibilité.

Dans le volume 2, le matériel doit posséder un degré de protection IP X4. Des dispositifs de commande en TBTS sont autorisés uniquement si leur alimentation est située en dehors des volumes 0, 1, 2 et caché.

Un socle de prise de courant pour rasoir d'une puissance maximale de 50 VA, alimentée par un transformateur de séparation des circuits, une commande incorporée à un meuble de salle de bains, ou un DCL (dispositif de connexion des luminaires) sont autorisés s'ils respectent le degré de protection. Une canalisation est admise, uniquement si elle alimente un appareil situé dans ce volume. Les boîtes de connexion alimentant des appareils situés dans ce volume, un chauffe-eau électrique à accumulation, les matériels de classe II ou alimentés en TBTS sont permis également. Les armoires de toilette de classe II peuvent être posées dans ce volume. Si elles disposent d'une prise de courant, elle doit être située hors volumes.

Dans le volume caché, aucun appareillage n'est admis. ■

Printed in France by Amazon
Brétigny-sur-Orge, FR

17158574R00071